普通高等教育电子信息类规划教材

MATLAB 编程基础与工程应用

王敏杰　朱连轩　潘金凤　编著

机 械 工 业 出 版 社

本书以 MATLAB 2010a 为平台，深入浅出地介绍了编程基础知识及工程应用，包括 MATLAB 安装与桌面环境、MATLAB 语言入门、MATLAB 数组、矩阵创建及运算、元胞数组、字符数组、结构数组、数值计算、绘图、符号计算，最后给出了 MATLAB 仿真，包括电路分析仿真、信号与系统仿真、通信原理仿真、数字信号处理仿真、自动控制原理仿真、图像处理仿真。为方便读者学习和实践，本书提供所有例题源代码，每章配有电子教案，读者可通过 www.cmpedu.com（免费注册并审核通过后即可下载）或联系工作人员索取（联系方式：QQ6142415，电话 010 - 88379753）。

本书既可作为高等学校 MATLAB 课程的教材，也可作为系统开发人员的技术参考书。

图书在版编目（CIP）数据

MATLAB 编程基础与工程应用/王敏杰，朱连轩，潘金凤编著 . —北京：机械工业出版社，2017.7（2025.1 重印）
普通高等教育电子信息类规划教材
ISBN 978-7-111-57391-3

Ⅰ. ①M…　Ⅱ. ①王…　②朱…　③潘…　Ⅲ. ①Matlab 软件-程序设计-高等学校-教材　Ⅳ. ①TP317

中国版本图书馆 CIP 数据核字（2017）第 165451 号

机械工业出版社（北京市百万庄大街 22 号　邮政编码 100037）
策划编辑：李馨馨　　责任编辑：李馨馨
责任校对：张艳霞　　责任印制：单爱军
北京虎彩文化传播有限公司印刷

2025 年 1 月第 1 版·第 6 次印刷
184mm×260mm·15 印张·359 千字
标准书号：ISBN 978-7-111-57391-3
定价：39.80 元

前　言

MATLAB 是 MathWorks 公司开发的适用于矩阵、数值计算和系统仿真的科学计算软件。MATLAB 产品目前已涵盖自动控制、通信等领域，包含信号处理、图像处理、神经网络、小波分析、符号数学等几十种工具箱，这些工具箱提供了大量、丰富的应用函数供研究者使用。国内很多高校已经在本科教学阶段就将 MATLAB 作为一门必修课程，MATLAB 虽然对我国高等教育的影响晚于国外，但是发展迅速。该软件已经成为通信、信号处理、控制等专业本科生、研究生必须掌握的工具软件之一。

本书从 MATLAB 的基本概念讲起，由浅入深，逐步介绍 MATLAB 在电子信息类专业课程仿真方面所使用的基本函数。作为入门书籍，即使对编程一无所知的读者，也可以从本书的第 1 章读起，进而学会 MATLAB 的编程。本书作为教材建议授课学时为不多于 32 小时，本书内容可以上机实验。

电子信息类课程强调学生对数学概念、物理概念及工程概念的理解和统一，对数学要求较高，而复杂的数学计算和推导，很难直观地得到系统可视化结果。因此 MATLAB 已经是信号与系统、数字信号处理、图像处理等电子信息类专业课的首选仿真平台。学生学习MATLAB 最有效的方法是结合专业课程内容，掌握 MATLAB 软件的使用与编程，本书从电子信息类专业课程角度出发，加强实践教学，将 MATLAB 课程由单纯的语言学习，引入到专业课的教学中，为学习后续专业课打下深厚的基础。

本书中所介绍的实例都是在 MATLAB 2010a 环境下调试运行的。每章给出一个完整的实例，以帮助读者顺利地理解和掌握书中比较重要的任务。第 8 章还详细给出了 MATALB 在电路分析、数字信号处理、信号与系统、自动控制、图像处理课程中的应用仿真。

全书共 8 章。第 1 章 MATLAB 安装与桌面环境，介绍 MATLAB 的发展史、安装与启动。第 2 章 MATLAB 语言入门，介绍 MATLAB 的语法以及 M 文件的编写。第 3 章 MATLAB 数组和矩阵创建及运算，包括矩阵和数组的生成、访问和运算。第 4 章介绍 MATLAB 的元胞数组、结构数组和字符串数组。第 5 章 MATLAB 绘图，介绍二维图形和三维图形的绘制以及图像文件。第 6 章 MTLAB 数值计算，介绍用 MATLAB 进行多项式运算以及拟合、插值和卷积等。第 7 章 MTALAB 符号计算，介绍符号对象的生成，符号微积分，符号方程求解和积分变换。第 8 章 MATLAB 仿真，包括电路分析仿真、信号与系统仿真、通信原理仿真、数字信号处理仿真、自动控制原理仿真、图像处理仿真。

本书第 1~4 章以及 6、7 章由河南农业大学王敏杰、朱连轩老师共同编写；第 5、8 章由山东理工大学潘金凤老师编写。

由于作者水平有限，书中难免存在不妥之处，请读者原谅，并提出宝贵意见。

作　者

目　　录

第 1 章　MATLAB 安装与桌面环境

MATLAB 是美国 MathWorks 公司开发的一款商业数学软件，主要应用于科学计算、数据可视化以及交互式程序设计。MATLAB 的名称源自 Matrix 和 Laboratory 这两个词的组合，意为矩阵实验室。MATLAB 自带众多的实用工具，并能在视窗环境中进行矩阵计算、数值分析、数据可视化以及非线性动态系统的建模与仿真，为科学研究、工程设计以及数值计算等科学领域提供一个简单实用的运算操作平台，同时在很大程度上摆脱了传统非交互式程序设计语言的编辑模式，成为国际认可的最优秀的科技应用软件之一。

MATLAB 与 Mathematica、Maple 并称为三大数学软件，在数值计算方面首屈一指。MATLAB 的一个重要特色就是它有一套程序扩展系统和一组称之为工具箱（Toolboxes）的特殊应用子程序。工具箱是 MATLAB 的子程序库，每一个工具箱都为某一学科专业开发了许多用户可直接调用的子程序。这些工具箱用于工程计算、控制设计、信号处理与通信、图像处理、信号检测、神经网络、模糊逻辑、小波分析、金融建模设计与分析等诸多领域。另外，MATLAB 可以实现算法、创建用户界面以及连接其他语言编写的程序等。

MATLAB 的基本数据单位是矩阵，它的指令表达式与数学、工程中常用的形式十分相似，因此用 MATLAB 解决问题比用 C 语言完成相同的事情更简捷，而且 MATLAB 可以与 C/C ++ 混合编程。

1.1　MATLAB 产品体系

MATLAB 产品由若干个模块组成，不同的模块承担不同的功能，其中有 MATLAB、MAT-LAB Toolboxes、MATLAB Compiler、Simulink、Simulink Blockset、Real – Time Workshop、State-flow 以及 Stateflow Coder 模块，这些模块构成了一个强大的 MATLAB 产品体系，如图 1 – 1 所示。

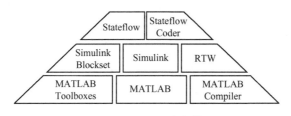

图 1-1　MTALAB 产品体系

本书主要讲解 MATLAB 产品体系中最底层的 MATLAB 和 MATLAB Toolboxes。这两个模块是 MATLAB 产品体系的基础，提供基本的数学算法，例如矩阵运算、数值数组运算、符号数学运算等；另外 MATLAB 集成了 2D 和 3D 图形功能，能够完成相应数值可视化的工作；并且还提供了一种交互式的高级编程语言——M 语言，利用 M 语言可以通过编写脚本或者函数文件实现用户自己的算法。由于 MATLAB 和 MATLAB Toolboxes 在产品体系的最底层，并且是 MATLAB 产品体系中的核心模块，因此与版本的关系并不紧密。

1.2 MATLAB 桌面环境

1.2.1 安装和启动

对于 PC 用户，在使用 MATLAB 前，首先需要安装 MATLAB。本书是在操作系统 Windows 7 下安装 MATALB 2010a。

当 MATLAB 光盘插入光驱后，一般会自启动"安装向导"，或者用户在光盘上找到 setup. exe，双击后进行安装。安装的界面都是标准界面，用户根据屏幕提示，可以选择 Install manually without using the Internet 并单击 Next 按钮；安装许可协议，选择 Yes 并单击 Next 按钮；输入安装码；选择安装类型时可以选择 Typical，如果用户对 MATLAB 比较熟悉，可以选择 Custom，单击 Next 按钮；选择安装目录时，可以根据自己习惯选一个安装目录或 Restore Default Folder 重置为默认安装目录，单击 Next 按钮等完成安装。

安装完成后 MATLAB 会产生两个目录，一个目录是 MATLAB 软件所在目录，是用户安装过程中指定的，比如 C:\Program Files\MATLAB；另一个是 MATLAB 自动生成的目录，该目录是供用户使用的工作目录，专供用户存放操作 MATLAB 时产生的中间文件，一般在 C:\Users\wang\Documents\MATLAB 文件夹下（注意：\wang 为本书作者的计算机用户名，它会随计算机用户名的不同而改变）。

MATLAB 安装成功后，一般会在桌面上生成 MATLAB 快捷图标![icon]，双击快捷图标可以启动 MATLAB；也可以从"开始菜单"→"所有程序"→"MATLAB"→"R2010a"→"MATLAB R2010a"启动。

1.2.2 操作界面

MATLAB R2010a 启动后，可以看到操作界面如图 1-2 所示，该界面平铺着几个常用工作窗口，分别为命令窗口（Command Window）、当前目录（Current Folder）浏览器、工作空间（Workspace）窗口、历史命令（Command History）窗口，以及当前目录显示窗口。

（1）命令窗口（Command Window）

命令窗口是 MATLAB 操作的最主要窗口。在该窗口可以键入 MATLAB 的命令、函数和表达式。MATLAB 的运算结果除了用图形方式进行可视化输出外，其他所有运算结果，以及运行错误时的提示报告都是在命令窗口显示的。运算结果用黑色字体显示，而运行错误时的提示报告则用红色字体显示。

MATLAB 有计算器功能，如图 1-3 所示，在命令提示符" >> "后输入" a = sin(pi/ 3)"，按回车键后可以看到运算结果。

（2）当前目录（Current Folder）浏览器

当前目录浏览器位于操作界面的左侧，用于显示"当前目录显示窗口"中的子目录以及子目录中的 M 文件、MAT 文件等。在该窗口中选中文件后单击鼠标右键，可以对文件进行复制、删除、重命名、运行等操作，如图 1-4 所示。

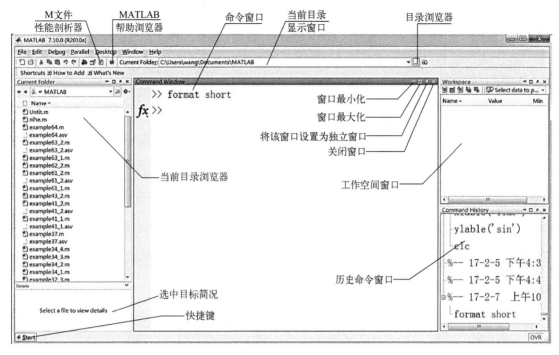

图 1-2　MTALAB 操作界面

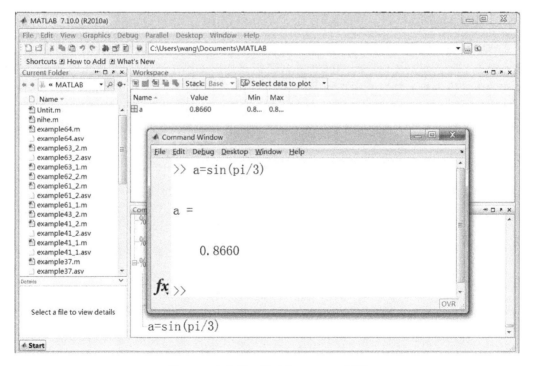

图 1-3　命令窗口浮动出 MTALAB 界面

双击该窗口中的 MAT 文件名，可以直接将 MAT 文件中的数据送入到 MATLAB 的工作空间。另外在该窗口的下方有一个"选中目标简况"窗口，用于显示所选文件的概括信息。

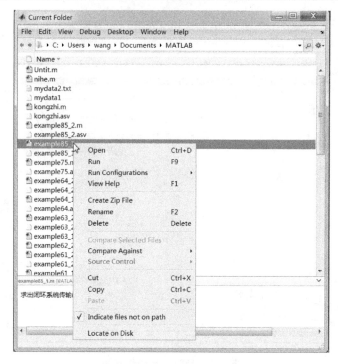

图 1-4　当前目录浏览器及弹出菜单

（3）工作空间（Workspace）窗口

工作空间窗口位于工作界面右上侧，能够列出 MATLAB 工作空间中所有的变量名、变量大小及字节数；双击工作空间中的变量名图标，弹出如图 1-5 所示的变量编辑器。在变量编辑器中能够查看和编辑数组元素。

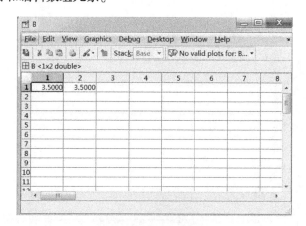

图 1-5　变量编辑器

（4）历史命令（Command History）窗口

历史命令窗口位于操作界面的右下侧，用于记录已经运行过的指令、函数、表达式，以及它们的运行日期和时间。该窗口中的所有指令都可以复制、重运行，以及产生 M 文件。

如果需要将历史命令中的多条命令一起重运行，可以先按住〈Ctrl〉键，然后在准备重运行的命名行上逐条单击鼠标左键，当所有命令都选择好后，再单击鼠标右键，在弹出菜单中选择相应的操作，如图1-6所示。选择弹出菜单中的"Evaluate Selection"，可以重新绘制曲线。

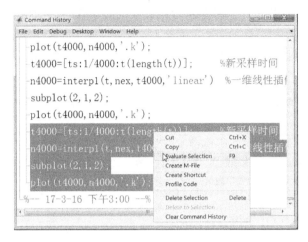

图1-6　历史命令窗口命令重运行的演示

（5）当前目录显示窗口

MATLAB 安装后，会自动生成一个用户目录。例如，如图1-2所示的 C:\Users\wang\Documents\MATLAB。该目录会显示在"当前目录显示窗口"中，如果用户不特别设置存放数据和文件的目录，MATLAB 总是默认地将文件存放在当前目录上。如果用户需要修改当前工作目录，可以单击右侧的目录浏览器进行修改。

（6）如果在命令行窗口输入"edit"，会启动 M 文件编辑器窗口，可以编辑 M 文件（详见第 2.6 节）。

从图1-2中可以看到命令窗口、工作空间窗口、历史命令窗口以及当前目录浏览器窗口的右上角分别排列着窗口最小化（Minimize Command Window）、窗口最大化（Maximize Command Window）、将该窗口设置为独立窗口（Undock Command Window）和关闭（Close Command Window）四个按钮。MATLAB 的窗口不仅可内嵌在 MATLAB 界面中，还可以浮动在界面上。

用户如果需要将某一窗口浮动出界面，可单击"Undock Command Window"按钮，命令窗口即可浮动出工作界面（见图1-3）。另外浮动出的命令窗口右上角同样有一个"Dock Command Window"按钮，单击该按钮，可以将浮动出的窗口重新内嵌在 MATLAB 的操作界面里。也可以通过菜单"Desktop"→"Desktop Layout"→"Default"，将窗口设置为默认，从而自动内嵌在 MATLAB 界面中。

用户如果需要关闭某一窗口，可以单击"Close Command Window"按钮，关闭之后该窗口就在操作界面中消失了。如果需要关闭的窗口再次出现，仍然可以通过菜单"Desktop"→"Desktop Layout"→"Default"，将窗口设置为默认后，关闭的窗口又再次出现在工作界面。

1.3　命令行窗口的数据显示格式

如图1-3的命令窗口所示，屏幕上 $\sin(\pi/3)$ 的运算结果为 0.8660，这个结果具有固定的小数点后 4 位有效数字，是按照"format short"格式显示的，这是一种 MATLAB 的数据显示格式。实际上 MATLAB 的数值数据通常占有 64 位内存，以 16 位有效数字的"双精度"进行运算和输出。MATLAB 为了能够简洁、紧凑地显示输出的数值，采用"format short"格式显示小数点后 4 位有效数字，这种显示格式并不代表运算结果的精度只有小数点后 4 位有效数字。

用户根据需要，可以在 MATLAB 的命令窗口中直接输入表 1-1 所示的指令来控制窗口数据显示格式。

表 1-1 控制 MTALAB 命令窗口数据显示格式的指令

指　　令	说　　明
format	默认的数据格式，同 short 格式一致
format short	小数点后 4 位有效数字，对于大于 1000 的数据，使用科学计数法表示
format long	小数点后 15 位数字表示
format short e	5 位科学计数表示
format long e	15 位科学计数表示
format short g	在 format short 和 format short e 中自动选择数据显示格式
format long g	在 format long 和 format long e 中自动选择数据显示格式
format rat	使用近似分数表示数值
format hex	十六进制表示
format compact	显示变量之间没有空行
format loose	显示变量之间有空行
format +	显示大矩阵用，正数、负数、零分别用 + 、 – 和空格表示
format bank	使用金融数据显示法，小数点后只有两位有效数字

在命令行窗口分别输入下列命令：

```
>> format short
>> a = cos(pi/5)
a =
    0.8090                % 输出显示小数点后 4 位有效数字
>> format long
>> b = cos(pi/5)
b =
    0.809016994374947     % 输出显示小数点后 15 位有效数字
>> format short e
>> c = cos(pi/5)
c =
    8.0902e-001           % 输出显示 5 位科学记数
>> format rat
>> d = cos(pi/5)
d =
    1292/1597             % 使用近似分数表示数值
>> format bank
>> e = cos(pi/5)
```

e =

　　0.81　　　　　　　　　%使用金融数据显示法

在命令窗口中执行上述指令，设置数据的显示格式。要说明的是，这种设置仅对当前的 MATLAB 窗口起作用，一旦 MATLAB 窗口被关闭，这种设置也就失效了。要想永久保留数据的显示格式设置，可以通过"File"→"Perference"→"Fonts"→"Command Window"，在右侧对话框的"Text display"的"Numeric format"中进行设置（如图 1-7 所示选择为"short"），那么这种设置将被永久保留，除非用户进行重新设置。

"Numeric display"显示数据输出结果是"紧凑"型输出，还是"松散"型输出。以下是$(35*2+(8-4)^2)/2$命令回车后的输出说明：

>>$(35*2+(8-4)^2)/2$ %松散型输出,ans 和答案之间留有空行

　　ans =

　　　43

>>$(35*2+(8-4)^2)/2$ %紧凑型输出,ans 和答案之间没有空行
　　ans =
　　　43

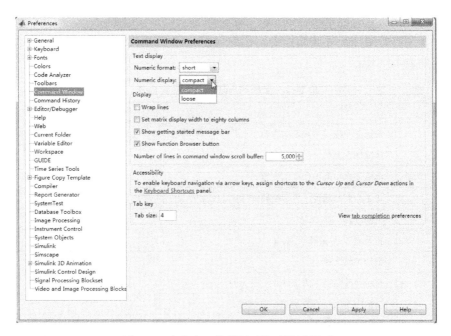

图 1-7　命令窗口数据显示格式设置界面

命令行窗口中字体的风格、大小和颜色也可以通过"File"→"Perference"→"Fonts"，然后在对话框右侧的下拉菜单中设置字体，字号等，如图 1-8 所示。

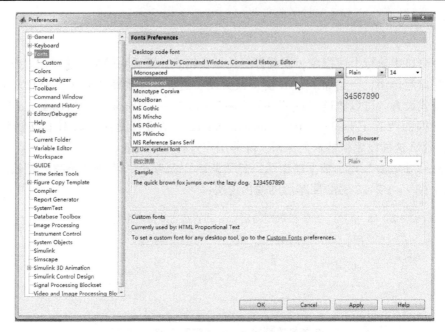

图 1-8　命令窗口字体风格设置界面

1.4　常用控制指令

MATLAB 还有控制用户环境的指令，比如 MATLAB 的退出、打开 M 文件编辑器、清除图形窗等，如表 1-2 所示。

表 1-2　常用的 MTALAB 控制指令

指　　令	说　　明
clc	清除命令窗口中显示的内容
clf	清除图形窗口
clear	清除工作空间中保存的变量
cd	显示当前的路径或者切换路径
exit 、quit	关闭/退出 MATLAB
edit	打开 M 文件编辑器
pwd	显示当前路径
dir、ls	显示当前路径下的文件
what	显示当前路径下的 MATLAB 文件
which	判断当前文件所在路径
dos	执行 DOS 系统指令
pack	整理工作空间内存碎片

在命令窗口分别输入下列命令，按回车键后可以看到运行结果：

```
>> cd
C:\Users\wang\Documents\MATLAB
>> what

M - files in the current directory C:\Users\wang\Documents\MATLAB
Untit                example32_2              example62_2
average              example32_3              example63_1
example26_11         example34_1              example63_2
example27_1          example34_2              example64_1
        ...
example27_8          example44
example28_1          example61_1
example29            example61_2

MAT - files in the current directory C:\Users\wang\Documents\MATLAB
exam                 example32_1
exam2

>> pwd
ans =
C:\Users\wang\Documents\MATLAB
```

如果命令窗口内容较多,可以在输入提示符下输入:

```
>> clc
```

命令窗口的内容将被清除。

如果工作空间窗口变量较多,可以在输入提示符下输入:

```
>> clear
```

工作空间窗口的变量将被清除。

MATLAB 运行时,能自动为变量及函数分配内存空间。有时对于容量较大的变量可能出现"Out of memory"的错误提示,如果用 clear 命令也不能有效解决问题,可以使用 pack 命令,该命令可将不连续的内存空间变得连续,或许能解决。

```
>> pack
```

为操作方便,用户可以通过键盘上的方向键,对 MATLAB 命令窗口中用户已经运行过的指令进行回调、编辑和重运行,见表 1-3。

表 1-3　MTALAB 常用操作键

键　名	作　用
↑	前寻式调回已输入的命令
↓	后寻式调回已输入的命令
←	在当前行中左移光标
→	在当前行中右移光标
PageUp	前寻式翻阅当前窗口中的内容

（续）

键　名	作　用
PageDown	后寻式翻阅当前窗口中的内容
Esc	清除当前行的全部内容
Home	将光标移到当前行的首端
End	将光标移到当前行的尾端

1.5　MATLAB 的帮助系统及使用

MATLAB 作为一个优秀的科学计算软件，其自带的帮助系统对学习和使用 MATLAB 的用户而言是非常重要的。由于面对的用户来自各行各业，其帮助系统考虑了不同用户的不同需求，构成了一个比较完备的体系。并且这种帮助系统随着 MATLAB 版本的不断升级，其自身也在不断升级。所以初学者应该养成使用帮助系统学习 MATLAB 的良好习惯。MATLAB 中调用帮助常用的方法有 help 命令、doc 命令、look for 命令，以及帮助浏览器。

1.5.1　help 搜索指令

在 MATLAB 命令行窗口中执行 help 指令，MATLAB 会列出所有函数的分组名（Topics）。分组名用蓝色字体显示，并能够实现超级链接，如图 1–9 所示。

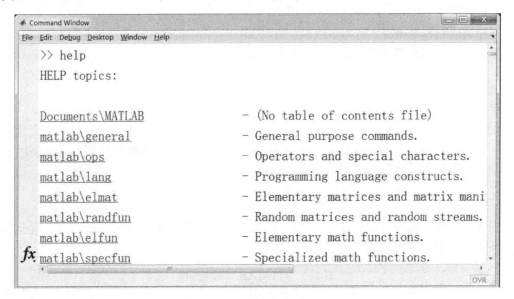

图 1–9　help 命令执行结果

就某一个分组名，单击超级链接（本例单击 matlab\elmat），可以看到如图 1–10 所示函数列表；或者在命令行窗口输入 help topics（本例的 topic 为 elmat），也可以看到如图 1–10 所示函数列表。继续单击函数的超级链接，可以看到该函数的帮助文档。

以 zeros 函数为例，单击 zeros。如果用户已经知道该函数名，也可以在命令行直接输入 help zeros，得到帮助信息如下：

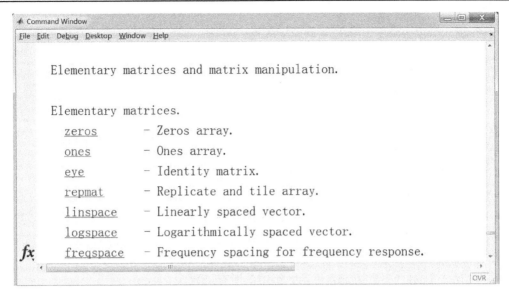

图 1-10　单击 matlab\elmat 函数列表

>> help zeros

ZEROS Zeros array.

ZEROS(N) is an N – by – N matrix of zeros.

ZEROS(M,N) or ZEROS([M,N]) is an M – by – N matrix of zeros.

ZEROS(M,N,P,...) or ZEROS([M N P ...]) is an M – by – N – by – P – by – ... array of zeros.

ZEROS(SIZE(A)) is the same size as A and all zeros.

ZEROS with no arguments is the scalar 0.

ZEROS(M,N,... ,CLASSNAME) or ZEROS([M,N,...] ,CLASSNAME) is an M – by – N – by – ... array of zeros of class CLASSNAME.

Note：The size inputs M, N, and P... should be nonnegative integers. Negative integers are treated as 0.

Example：
    x = zeros(2 ,3', int8') ;

See also eye, ones.

Overloaded methods：
    distributed/zeros

codistributor2dbc/zeros

codistributor1d/zeros

codistributed/zeros

Reference page in Help browser

doc zeros

通过 zeros 帮助，可以看到 zeros 函数的调用格式，如：ZEROS（N）、ZEROS（M，N）等，另外还有使用示例，如 x = zeros（2，3，′int8′）等信息。

help 函数搜索指令的调用方法总结如下：

● help：列出所有函数分组名（TopicName）。

● help TopicName：列出指定名称函数组中的所有函数。

● help FunName：列出指定名称函数的使用方法。

和 help 指令用法相似的还有 doc 指令。doc 函数搜索指令的调用方法如下：

● doc TopicName：列出指定名称函数组中的所有函数。

● doc FunName：列出指定名称函数的使用方法。

需要注意的是，doc 搜索函数的用法与 help 的基本一致；不同点是 doc 的帮助信息在帮助浏览器中显示，而 help 的直接在命令窗口显示。由于 doc 搜索的是 HTML 文件，因此内容比 help 搜索到的帮助注释更详细。

1.5.2　lookfor 搜索指令

要想实现在所有 M 文件中寻找"关键词"，可以使用 lookfor 词条搜索指令。因为所有的 MATLAB 函数都具有一类在线帮助，叫作 H1 帮助行。H1 帮助行位于每一个 M 语言函数文件在线帮助的第一行，它能够被 lookfor 函数搜索查询。

lookfor 词条搜索指令的功能为对 M 文件 H1 行进行单词检索，该指令的调用方法为：

lookfor Keyword；

其中，"Keyword"是用户要找的关键词，例如用户需要查找某个词 sum，那么关键词就是"sum"。

lookfor 为大型查找，查找过程耗时较多，用户可以根据实际情况使用该搜索命令。

```
>> lookfor sin
tscollection          – Create a tscollection object using time or time series objects.
cgslblock             – Constructor for calibration Generation Simulink block parsing manager
xregaxesinput         – Constructor for the axes input object for a ListCtrl
…
j1939exampleDemo      – J1939 – Using Transport Protocol
scscopedemo           – Signal Tracing Using Scope Triggering
scsignaldemo          – Signal Tracing Using Signal Triggering
scsoftwaredemo        – Signal Tracing Using Software Triggering
```

1.5.3　帮助浏览器

帮助浏览器（Help browser）搜索的资源是 MathWorks 专门创建的 HTML 形式的随光盘

安装之后的帮助系统。它的内容来源于所有 M 文件，但更详细。在图 1-2 所示的 MTALAB 操作界面上，可以看到帮助浏览器按钮 ⊙，单击按钮后可以看到图 1-11 所示界面。MATLAB 帮助浏览器操作界面分为左右两侧窗口。左侧窗口为检索区，有分类目录活页窗、搜索词条输入框、搜索结果活页窗。右侧窗口为搜索内容显示窗。

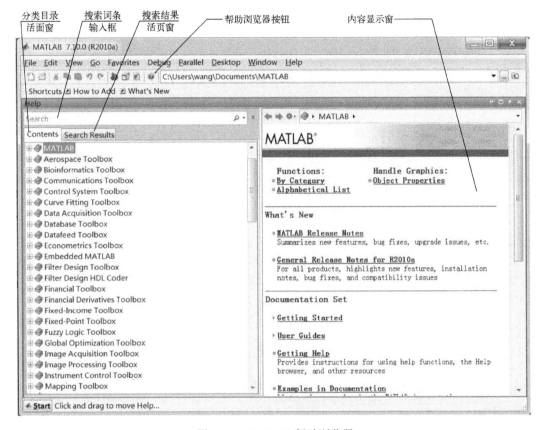

图 1-11　MATLAB 帮助浏览器

（1）分类目录活页窗（Contents）

分类目录活页窗位于操作界面的左侧，MATLAB 提供了 40 多个工具箱，用户可以直接根据专业领域选择需要的工具箱的帮助文档，例如通信工具箱（Communication Toolbox）、符号数学工具箱（Symbolic Math Toolbox）、图像处理工具箱（Image Processing Toolbox）等。打开通信工具箱（Communication Toolbox），如图 1-12 所示，用户可以看到通信工具箱按功能分为 5 个二级目录。

● 快速入门（Getting Started）：最简洁的入门介绍，新手必读。

● 用户指南（User's Guide）：讲解该工具箱的使用规则和注意事项。

● 函数（Functions）：按功能列出该工具箱中的函数及

图 1-12　MATLAB 通信工具箱

其使用说明。

- 实例和演示（Example、Demos）：给出应用示例、程序代码及结果的演示。
- 版本说明（Release Notes）：说明版本新增、更新内容和兼容情况。

图 1-12 也展示了"快速入门"后的三级目录情况。点开二级目录"Getting Started"，可以看到三级目录包含有 Product Overview（产品概述）、Studying Components of a Communication System（通信系统组成的学习）、Simulation a Communication System（一个通信系统仿真）、Running Simulations Using the Error Rate Test Console（Console 口误码测试仿真）、Learning More（更多学习）。通过三级目录，用户可以寻找到要学习的内容，从而自学该工具箱。

（2）搜索词条输入框

在"搜索词条输入框"中输入要搜索的函数名或各专业词条就可以得到帮助信息，如图 1-13 所示搜索 single 函数，在窗口右侧会显示出搜索结果，被搜索词条将会以彩色标示。在左侧窗口中会显示出 single 函数出现的位置，即出现在 MATLAB、定点运算工具箱（Fixed-Point Toolbox）、符号数学工具箱（Symbolic Math Toolbox）、统计数学工具箱（Statistics Toolbox）中。

（3）搜索活页窗（Search Results）

如图 1-13 所示左侧的这种搜索结果有三种可能的排列方式：Type（二级目录类型）排列方式、Relevance（相关性）排列方式和 Product（产品类型）排列方式。用户可以根据个人习惯分别单击上述按钮，选择合适的搜索结果排列方式。

图 1-13　搜索 single 函数

词条搜索格式有以下几种。

- Word1 Word2：搜索对每个词条按"或"逻辑进行检索。
- Word *：* 为通配符，凡是 Word 开头的词条都将被检索。
- "Word1 Word2"：对 Word1 Word2 构成的合成词进行检索。

1.5.4　帮助文档的超链接通道

单击帮助浏览器按钮，在浏览器右侧默认显示出通往各种帮助文档的超链接通道，如图 1-14 所示。

- 函数指令和图形对象超链接通道：便于用户查找指令以及图形对象属性。
- 版本信息超链接通道：指出了 MATLAB 历史版本信息汇总和版本升级变化说明。
- 详细使用说明超链接通道：为用户提供用户指南、帮助指南及快速入门等。
- 功能演示超链接通道：提供功能演示。
- PDF 文件超链接通道：提供 PDF 格式的帮助文档，用户可以打印出来，以方便学习。
- MathWorks 网站资源超链接通道：可以了解 MATLAB 产品及其相关产品信息。

图 1-14　MATLAB 超链接通道

上述几个超链接通道中，使用频率较高的是功能演示（Product Demos）超链接通道。MATLAB 为每一个工具箱或者模块都设计了很多演示示例。通过演示示例学习 MATLAB 将会起到事半功倍的效果。

演示示例（MATLAB Demos）界面的打开方式有以下几种：可以单击图 1-14 所示的"Product Demos"超链接；也可以从命令窗口中输入"demos"；还可以在主窗口菜单中单击"Help"→"Demos"；或者在命令行窗口输入命令：

>> demos

MATLAB Demos 启动后的页面如图 1-15 所示。

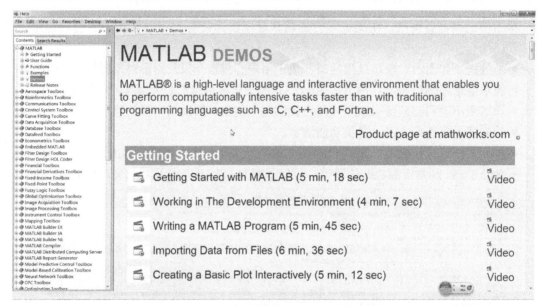

图 1-15　MATLAB Demos

例如在 MATLAB Demos 页面中，找到 Mathematics 主题后，准备进行"FFT for Spectral Analysis"演示示例的学习（见图 1-16），单击该超链接，能够看到图 1-17 所示结果。

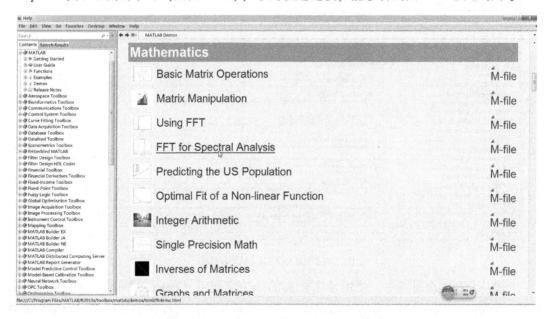

图 1-16　"FFT for Spectral Analysis"演示

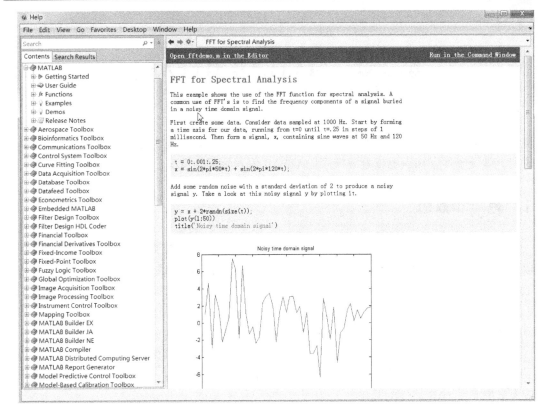

图 1-17　"FFT for Spectral Analysis" 示例内容

从图 1-17 中可以看到用 FFT 做谱分析的具体程序及详细结果。联机演示系统对于学习工具箱以及 MATLAB 各个方面应用的用户具有非常重要的意义。通过直观的演示，用户可以快速掌握某一工具箱的使用。

第2章 MATLAB 语言入门

MATLAB 是一门基于一系列基本语法的编程语言，包括矩阵、数组、变量、运算符、字符串、数值类型、M 文件的编写、流程控制语句和文件操作等。本章内容为 MATLAB 语言入门，掌握了本章知识也就是掌握了 MATLAB 语言编程的概况。

2.1 矩阵和数组

作为一种以数值计算为基础的科学计算软件，MATLAB 最重要、最基本的功能就是矩阵运算——它以矩阵作为基本的运算单位，其中矩阵既可以是普通数学意义上的矩阵，也可以是标量或向量。MATLAB 统一将矩阵或者向量称为数组，MATLAB 使用数组的形式来表示矩阵，标量被看作 1×1 的数组，向量（一行或一列）可以看作 $1 \times n$ 或 $n \times 1$ 的一维数组，矩阵则可以看作 $m \times n$ 的数组。矩阵和数组在形式上没有区别，但二者的运算性质不同，矩阵运算采用线性代数的运算方式，数组运算则强调对元素的运算，因此 MATLAB 提供了关于矩阵和数组的不同运算方法。掌握一些基本的关于矩阵、向量和数组操作的基础知识成为掌握 MATLAB 软件的基础。

【例 2.1-1】建立实数矩阵或数组 $a = \begin{bmatrix} 1 & 3 & 5 \\ 2 & 4 & 6 \\ 9 & 5 & 7 \end{bmatrix}$。

【解】1）在命令行窗口输入：

$\gg a = [1,3,5;2,4,6;9,5,7]$

2）按 < Enter > 键，执行指令。

3）指令执行后，MATALAB 指令窗口中显示以下结果：

```
a =
    1    3    5
    2    4    6
    9    5    7
```

或者在命令行窗口键入：

$\gg a = [1\ 3\ 5;2\ 4\ 6;9\ 5\ 7]$ % 逗号与空格等价

按 < Enter > 键，执行指令。

```
a =
    1    3    5
    2    4    6
    9    5    7
```

说明:

- 指令行"头首"的"≫"是指令输入提示符,是 MATLAB 自动生成的。本书此后的 "≫"将不再说明。
- MATLAB 和 C 语言处理变量和数据类型是不同的。C 语言中,任何变量在使用前都 必须先声明,再使用,在变量声明时,就指定了变量的数据类型。但在 MATLAB 中,除符号变量外,任何变量在使用前都不需要预先声明,而且 MATLAB 自动将 数据类型设置为双精度。如果需要使用其他类型数据,可通过数据类型的转换 实现。
- 在 MATLAB 中,建立数组或矩阵时,不必事先对数组维数或矩阵的行列数做任何说 明,内存将自动配置。
- 数组或矩阵的元素列入方括号"[ ]"中;元素分隔符用逗号","或空格键;方括号 中的分号";"表示数组或矩阵的换行。注意:所有标点符号都是英文状态的符号。
- MATLAB 对字母大小写敏感,本例中数组赋值给 a,而不是 A。
- 一条指令键入完成后,需要按 <Enter> 键,执行该指令。

【例 2.1-2】 建立复数矩阵或数组 $b = \begin{bmatrix} 2-3i & 6+5i & 2i \\ 4+pi & 9+2i & 2i \\ 4+pi & 9+2i & 7 \\ 8+i & 6 & 3+5i \end{bmatrix}$。

【解】 在命令行窗口键入指令,并按 <Enter> 键执行:

```
≫b = [2-3i,6+5i,2i;4+pi,9+2i,7;8+i,6,3+5i]
b =
   2.0000 - 3.0000i        6.0000 + 5.0000i        0 + 2.0000i
   7.1416                  9.0000 + 2.0000i        7.0000
   8.0000 + 1.0000i        6.0000                  3.0000 + 5.0000i
```

说明:

- MATLAB 的内建函数 pi 用于获取常数 π 的数值,也可以将 pi 看作是 MATLAB 的预定 义常量。
- i 是复数虚部数据最小单位,也可用 j 表示,虚单元 $i = j = \sqrt{(-1)}$。
- MATLAB 为了比较简洁和紧凑地显示输出,默认采用 format short 格式显示出小数点后 4 位有效数字。例 2.1-2 指令执行结果,如 3.0000 + 5.0000i,实部和虚部都是小数 点后 4 位有效数字构成。不要误认为,运算结果的精度只有小数点后 4 位有效数字, 用户可以根据实际需要,使用数据显示格式的控制指令得到所需的数值计算显示 格式。

2.2　变量

变量是最基本的识别型名称,变量可以赋值,可以读取。MATLAB 程序中的变量不需 要事先声明,变量的名称是在语句命令中第一次合法出现而得到声明和定义的。当用户输入一个新变量时，MATLAB 会自动为变量分配适当的内存；如果用户输入的变量已经存在，MATLAB 将用新输入的变量替换原有的变量。MATLAB 变量的命名不是任意的，变量命名规则如下：

- 变量名可以由字母、数字和下划线组成。
- 变量名应以字母开头。
- 组成变量名的字符长度不大于 31 个。
- MATLAB 区分大小写英文字母。

例如，在 MATLAB 命令行窗口输入：

```
>> record_1 = 25
record_1 =
        25
```

该命令创建了一个变量名为 record_1 的变量，该变量是 1×1 矩阵，只有一个元素 25。用户可以根据变量名，查询该变量。如果用户已经忘记变量的值，可以在 MATLAB 命令行窗口直接键入变量名：

```
>> record_1
```

按 < Enter > 键后，MATLAB 会显示变量 record_1 的值：

```
record_1 =
25
```

MATLAB 设置了一些特殊的固定变量，如表 2-1 所示。

表 2-1　固定变量

变 量 名	功 用	变 量 名	功 用
ans	默认变量名，以应答最近一次操作运算结果	NaN	Not-a-number，表示不定值
i 或 j	虚数单位，$i = j = \sqrt{(-1)}$	realmax	最大的正浮点数
pi	圆周率	realmin	最小的正浮点数
eps	浮点数相对精度	nargin	函数实际输入参数个数
Inf	无穷大 ∞	nargout	函数实际输出参数个数

在 MATLAB 命令行窗口输入：1/0、pi、eps、realmax、realmin 后，执行结果如下：

```
>> 1/0
ans =
     Inf
>> pi
ans =
     3.1416e + 000
>> eps
ans =
     2.2204e - 016
```

```
>> realmax
ans =
    1.7977e+308
>> realmin
ans =
    2.2251e-308
>> realmax
ans =
    1.797693134862316e+308
```

执行 1/0 命令后，MATLAB 并没有报错，而是在默认变量名后给出 Inf；执行 pi 命令后给出圆周率 π 的值；执行 eps 命令后给出了浮点数相对精度；realmax 和 realmin 命令分别给出了最大和最小的正浮点数。

MATLAB 可以声明全局变量。类似于 C 语言，因作用域和寿命的不同，M 语言函数中也存在局部变量和全局变量。

局部变量的作用域仅限函数本身，并存放于隶属该函数的专用工作空间。这些局部变量仅生存于该函数的运行过程期间，一旦函数运行结束，该函数工作空间连同其中保存的变量将全部被清空并释放，因此局部变量和局部变量的数值也就不存在了。由于 MATLAB 的解释器在解释执行函数的时候，为不同的函数创建了不同的工作空间，各函数彼此的工作空间是相互独立，互不相同的。一旦函数执行完毕，则函数的工作空间就不存在了。

与局部变量相对应的就是全局变量。在 MATLAB 编程过程中，有时会需要某个变量作用在多个程序或函数中。这时可以将该变量声明成全局变量，即在该变量前添加 MATLAB 的关键字 "global"。全局变量必须在使用前声明，即这个声明必须放在主程序的首行。作为一个约定俗成的规则，MATLAB 程序员应尽量用大写字母书写全局变量。

例如：

```
global BEITA
```

如果某个函数的运行，使全局变量的内容发生了变化，那么其他函数空间及基本工作空间中的同名变量也将随之变化，因此全局变量可能损害函数的封装性，使用时需要谨慎。

2.3　运算符

MATLAB 运算符主要有算术运算符、关系运算符、逻辑运算符、操作符。

2.3.1　算术运算符

本节以算例方式学习 MATLAB 的计算器功能和算术运算符。MATLAB 中的运算符和表达式的表达方式与经典教科书上的非常相似，如表 2-2 所列（这部分内容详见第 3.4 节）。

表 2-2   MATLAB 表达式的基本运算符

操 作 符	数学表达式	矩阵运算符	数组运算符
加	a + b	a + b	a + b
减	a − b	a − b	a − b
乘	a × b	a * b	a. * b
除	a × b	a/b 或 b \ a	a. /b 或 b. \ a
幂	ab	a^b	a. ^b
圆括号	( )	( )	( )

【例 2.3 −1】 计算算术表达式 $[35 \times 2 + (8 - 4)^2]/2$ 的值。

【解】 在 MATLAB 命令行窗口中直接键入：

>> $[35 * 2 + (8 - 4)^2]/2$

按 < Enter > 键后，该指令被执行，并显示结果如下：

```
ans =
     43
>> (35 * 2 + (8 - 4)^2)/2
ans =
     43
```

说明：

- MATLAB 的运算符如( )、+、−、×、/都是各种计算程序中常见的习惯符号。
- 由于本例是"不含赋值号的表达式"，所以计算结果被赋值给 MATLAB 的默认变量 "ans"。它是英文 "answer" 的缩写。

【例 2.3 −2】 计算复数 $(3 + 5i) \times (2 - i)$。

【解】 在 MATLAB 命令行窗口中直接键入：

>> $(3 + 5i) * (2 - i)$

按 < Enter > 键后，该指令被执行，并显示结果如下：

```
ans =
     11. 0000 + 7. 0000i
```

【例 2.3 −3】 计算 y 的值，其中 $y = \cos(\pi/3)$。

【解】 >> $y = \cos(pi/3)$

```
y =
     0. 5000
```

【例 2.3 −4】 计算 x 的值，其中 $x = e^{-4} \times \sqrt{\dfrac{\sqrt{3}}{2}}$。

【解】 >> $\exp(-4) * \mathrm{sqrt}(3)/2$

ans =

0.0159

MATLAB 矩阵和数组在形式上虽然没有区别，但二者的运算性质不同，矩阵运算采用线性代数的运算方式，数组运算则强调对元素的运算，因此 MATLAB 提供了关于矩阵和数组的不用运算方法。下面通过例 2.3 – 5 和 2.3 – 6 体会矩阵和数组运算上的差别。

【例 2.3 – 5】 计算 t = 1 时 y 的值，其中 $y = \frac{\sqrt{3}}{2} e^{-4} t \sin\left(2t + \frac{\pi}{3}\right)$。

【解】 >> t = 1;

$\quad$ >> y = (sqrt(3)/2) * exp(– 4 * t) * sin(2 * t + pi/3)

$\quad$ y =

0.0015

【例 2.3 – 6】 设 $a = \begin{bmatrix} 1 & 0 \\ 2 & 4 \end{bmatrix}$，$b = \begin{bmatrix} -1 & 2 \\ 0 & 1 \end{bmatrix}$，计算 x 和 y，其中 x 是矩阵 a 乘以矩阵 b，y 为数组 a 乘以数组 b。

【解】 >> a = [1,0;2,1]; b = [– 1,2;0,1]; x = a * b, y = a. * b

$\quad$ x =

$\quad\quad$ – 1 $\quad$ 2

$\quad\quad$ – 2 $\quad$ 5

$\quad$ y =

$\quad\quad$ – 1 $\quad$ 0

$\quad\quad\quad$ 0 $\quad$ 1

说明：

- x = a * b 是矩阵的乘法，按照线性代数矩阵乘法：即 a 的第一行与 b 的第一列元素分别相乘然后相加作为 x 的第一行的第一个元素，a 的第一行与 b 的第二列元素分别相乘然后相加作为 x 的第一行的第二个元素……从而得到 x。
- y = a. * b 是数组的乘法，即 a 的第一行第一列元素与 b 的第一行第一列元素相乘作为 y 的第一行的第一个元素，a 的第一行第二列元素与 b 的第一行第二列元素相乘得到 y 的第一行的第二个元素……，即 a 与 b 的对应元素相乘，从而得到 y。

2.3.2 关系运算符和逻辑运算符

除了传统的数学运算，MATLAB 支持关系运算和逻辑运算，如表 2-3 和表 2-4 所示。关系运算的结果是"真"或"假"。MATLAB 把任何非零数值当作"真"，把零当作"假"。所有关系和逻辑表达式的输出，对于"真"，输出 1；对于"假"，输出 0。

由于在 MATLAB 中，即使是一个标量，都看作是 1 × 1 的数组，因此 MATLAB 关系运算与逻辑运算都是针对矩阵或数组中元素的操作，运算结果是特殊的逻辑数组。

表 2-3　MATLAB 表达式的关系运算符

操　作　符	含　　义	MATLAB 关系运算表达式	运 算 结 果
==	等于	a == b	结果为"真"，输出 1 结果为"假"，输出 0
~ =	不等于	a ~ = b >	
>	大于	a > b <	
<	小于	a < b >=	
>=	大于等于	a >= b	
<=	小于等于	a <= b	

表 2-4　MATLAB 表达式的逻辑运算符（非零值为 1，零值为 0）

操　作　符	含　　义	MATLAB 关系运算表达式
&	逻辑与：两个操作数同时为 1，运算结果为 1；否则为 0	a&b
|	逻辑或：两个操作数同时为零，运算结果为 0；否则为 1	a | b
~	逻辑非：操作数为 0，运算结果为 1；操作数为 1，运算结果为 0	~ a
xor	逻辑异或；0 与 0 异或为 0；0 与 1 或为 1；1 与 0 异或为 1；1 与 1 异或为 0	xor (a, b)
&&	短路逻辑与：运算方式与 & 完全相同	a&&b
||	短路逻辑或：运算方式与 | 完全相同	a || b

　　&& 与 ‖ 是短路逻辑运算符，它们运算规则分别与元素 & 与 ｜ 相同。但是，短路逻辑运算符在执行时，只有在运算结果还不确定时才去参考第二个操作数。例如 a&&b 的操作，当 a 为 0 时，直接返回 0，而不检查 b 的值；当 a 为 1 时，还不能确定返回值，继续考察 b，如果 b 为 1，则返回 1，如果 b 为 0，则返回 0。

　　在某些条件下，需要满足特定的条件，才能被执行的语句，可以用短路逻辑运算符来实现。例如执行：

　　　　>> b = 0;
　　　　>> y = (b ~ = 0)&&(a/b > 1)
　　　　y =
　　　　　　0

　　由于 b ~ = 0 不成立，返回 0，使用短路 &&，因此不会再考察(a/b > 1)这个条件，即使 b = 0，a/b 为 Inf，程序也不会报错，而是直接返回 0。

　　【例 2.3 - 7】矩阵 $a = \begin{bmatrix} 1 & 2 & 3 \\ 4 & 5 & 6 \\ 7 & 8 \end{bmatrix}$，$b = \begin{bmatrix} 3 & 4 & 2 \\ 6 & 4 & 6 \\ 9 & 7 & 2 \end{bmatrix}$，求 c、d、e、f，其中 c 为 a 小于等于 b 的输出，d 为 a 等于 b 的输出，e 为 a 与 b 逻辑与的输出，f 为 a 的逻辑非矩阵。

　　【解】　>> a = [1 2 3；4 5 6；7 8 9]

　　　　a =

　　　　　　1　　2　　3
　　　　　　4　　5　　6
　　　　　　7　　8　　9

```
>> b = [3 4 2;6 4 6;9 7 2]
b =
     3     4     2
     6     4     6
     9     7     2
>> c = a <= b                  %a 与 b 相同位置对应元素比较,得出"真"或"假"的结果
c =
     1     1     0
     1     0     1
     1     0     0
>> d = a == b
d =
     0     0     0
     0     0     1
     0     0     0
>> e = a&b
e =
     1     1     1
     1     1     1
     1     1     1
>> f = ~ a
f =
     0     0     0
     0     0     0
     0     0     0
```

说明:

● 参加运算的两个数组或矩阵的行, 列数必须一致, 并且运算时取两个数组或矩阵相同位置的元素进行关系运算。

● 比较结果返回被赋值矩阵对应的位置。如果逻辑关系成立, 则结果为 1; 如果逻辑关系不成立, 则结果为 0。

【例 2.3 − 8】 矩阵 $a = \begin{bmatrix} 0 & 2 & 3 \\ 4 & 5 & 6 \\ 0 & 8 & 9 \end{bmatrix}$, 计算 a&3, a | 3, xor(a,3)。

【解】
```
>> a = [0   2   3;4   5   6;0   8   9];
>> g = a&3
g =
     0     1     1
     1     1     1
     0     1     1
>> h = a | 3
h =
```

```
     1    1    1
     1    1    1
     1    1    1
>> j = xor(a,3)
j =
     1    0    0
     0    0    0
     1    0    0
```

说明：

- 矩阵与数值之间进行逻辑运算方式为，将矩阵的每一个元素都与数值进行逻辑运算，运算结果为相同维数的矩阵，矩阵的每一个元素都代表矩阵中相同位置上的元素与数值的逻辑运算结果。
- 两个相同维数的矩阵进行逻辑运算时，要将相同位置上的元素进行逻辑运算，运算结果为逻辑 1 或 0。

计算机中的所有数据都是用二进制的形式存储的，MATLAB 提供了有关数据位的运算函数，如表 2-5 所示。

表 2-5　数据位的运算函数

函　　数	功　　能
bitand(A, B)	A、B 数据位"与"运算，其中 A 与 B 为无符号整数或无符号数组
bitcmp(A)	给出数据的补码，其中 A 为无符号整数或无符号数组
bitor(A, B)	A、B 数据位"或"运算，其中 A 与 B 为无符号整数或无符号数组
bitmax	最大浮点整数数值，一般为 253 - 1
bitset(A, bit) bitset(A, bit, v)	将指定的数据位置 bit 设置为 1，被设置数要求为无符号整数。如果带参数 v，即把比特位值设置为 v 值
bitget(A, bit)	返回 A 中指定 bit 位的数值，其中 A 为无符号整数或无符号数组
bitshift(A, k)	返回 A 移动 k 比特的数值，其中 A 为无符号整数或无符号数组

【例 2.3 - 9】数据位的"与"运算。

在 MATLAB 窗口中输入如下指令：

```
>> X = 50;
>> Y = 100;
>> Z = bitand(X,Y)
Z =
        32
>> x = uint16(X);
>> y = uint16(Y);
>> z = bitand(x,y)
z =
        32
>> whos
```

Name	Size	Bytes	Class	Attributes
X	1x1	8	double	
Y	1x1	8	double	
Z	1x1	8	double	
x	1x1	2	uint16	
y	1x1	2	uint16	
z	1x1	2	uint16	

说明：在上述运算中，50 和 100 的二进制为 110010 和 1100100，它们"比特与"运算结果为 32，32 的二进制为 100000。"bitand"运算规则是如果两个对应位"0 bitand 1"或"0 bitand 0"，则结果为 0；如果"1 bitand 1"即相应位同为 1，则结果为 1。

【例 2.3 - 10】整数数据位运算。

在 MATLAB 窗口中输入如下指令：

```
>> A = 50;
>> dec2bin( A )            % 将十进制转换为二进制函数
ans =
110010
>> B = bitset( A,1 )       % 从低位往高位数,所以 B = bitset( A,1 )为最后一位,设置为 1
B =
    51
>> dec2bin( B )
ans =
110011
>> C = bitset( A,5,0 )
C =
    34
>> dec2bin( C )
ans =
100010
>> D = bitshift( A,3 )
D =
    400
>> dec2bin( D )
ans =
110010000
>> E = bitshift( A , - 3 )
E =
    6
>> dec2bin( E )
ans =
110
>> x = uint16( A )
```

```
x =
     50
>> y = bitshift( A , -4 )
y =
     3
>> dec2bin( y )
ans =
11
>> whos
```

Name	Size	Bytes	Class	Attributes
A	1x1	8	double	
B	1x1	8	double	
C	1x1	8	double	
D	1x1	8	double	
E	1x1	8	double	
ans	1x2	4	char	
x	1x1	2	uint16	
y	1x1	8	double	

2.3.3　指令行中的标点符号

标点符号在 MATLAB 指令中有非常重要的作用。通过前面的算例，读者可能已经有所体会。表 2-6 罗列了部分标点符号的功能。需要特别指出，表中的操作符是指在英文输入状态下的字符，如果在汉字输入状态下则无效。

表 2-6　MATLAB 常用标点符号

名　　称	符　号	作　　用
空格		用于输入量与输入量之间的分隔符 数组行元素之间的分隔符
逗号	,	数组行元素之间的分隔符 要显示计算结果的指令与其后指令之间的分隔 输入量与输入量之间的分隔符
分号	;	用于数组行之间的分隔 用于不显示计算结果的指令结尾标志 用于不显示计算结果指令间的分隔
冒号	:	用于创建一维数值数组，如 1:8 用于单下标援引时，表示全部元素构成的长列 用于多下标援引时，表示该维上的全部元素
黑点	.	数值表示的小数点 运算符号前，构成"数组"运算符
注释号	%	用于注释的前面，其后命令不需要执行
单引号	' '	用于括住字符串

（续）

名　称	符　号	作　用
赋值号	=	把右边的计算值赋给左边的变量
续行号	…	由三个以上连续黑点构成，把其下的物理行看作该行的逻辑继续，以构成一个较长的完整指令
圆括号	( )	改变运算次序 数据援引 函数指令输入量列表
方括号	[ ]	输入数组 函数指令输出量列表
花括号	{}	用于构成胞元数组
下画线	—	一个变量、函数或文件中的连字符
"At"号	@	放在函数名前，形成函数句柄 匿名函数前导符 放在目录名前，形成用户对象类目录

对于冒号(:)和续行号(…)还需做如下说明。

（1）冒号(:)

冒号(:)是 MATLAB 重要的标点符号之一，不同情况下，有不同的含义。下面通过例子介绍不同情况下，冒号的用法与含义。

冒号用来创建等间距的行向量，格式为：m:d:n。

在 m 与 n 之间以 d 为间距生成等差序列，如果 m 与 n 的差不是 d 的倍数，那么生成的序列将不包含 n，默认间隔 $d = 1$。

【例 2.3 – 11】在 1 到 2 之间产生间距为 0.3 的行向量，在 1 到 10 之间产生间距为 1 的行向量。

【解】　>> t1 = 1:0.3:2

```
t1 =
    1.0000    1.3000    1.6000    1.9000
>> t2 = 1:10                    % 默认间距为 1 时,可以省略
t2 =
    1    2    3    4    5    6    7    8    9    10
```

【例 2.3 – 12】数组 $A = \begin{bmatrix} 15 & 75 & 13 & 16 & 37 \\ 24 & 81 & 14 & 16 & 35 \\ 4 & 6 & 15 & 23 & 69 \\ 78 & 54 & 16 & 32 & 96 \end{bmatrix}$，分别取第 5 列元素，第 3 行元素，以

及第 1 行到第 3 行，第 3 列的元素。

【解】　>> A = [15 75 13 16 37;24 81 14 16 35;4 6 15 23 69;78 54 16 32 96]

```
A =
    15    75    13    16    37
    24    81    14    16    35
     4     6    15    23    69
```

$$78 \quad 54 \quad 16 \quad 32 \quad 96$$

```
>> s = A(:,5)                    % 取第 5 列元素
s =
    37
    35
    69
    96
>> t = A(3,:)                    % 取第 3 行元素
t =
     4    6   15   23   69
>> k = A(1:3,3)     % 取第 1 行到第 3 行,第 3 列的元素
k =
    13
    14
    15
```

说明:从向量、矩阵、数组中挑选指定的行、列以及元素可以用":"。

(2) 续行号(…)

如果一个表达式很长,可以用续行号 (…) 将其延续到下一行。

【例 2.3 – 13】 计算 $m = 1/2 + 1/4 + 1/6 + 1/8 + 1/16 + 1/32 + 1/64 + 1/128 + 1/256 + 1/512$。

【解】
```
>> m = 1/2 + 1/4 + 1/8 + 1/16…
   +1/32 + 1/64 + 1/128…
   +1/256 + 1/1024
m =
    0.9971
```

说明:在命令行输入 1/16 后一定要加空格键,然后续行号…,换行后再输入 +1/32,命令输入完后按 < Enter > 键。

【例 2.3 – 14】 请在命令行窗口创建一个行向量,其元素 n = [0.6557　　0.0357　0.8491　0.9340　0.6787　0.7577　0.7431　0.3922　0.6555　0.1712　0.7060　0.03180.2769　0.0462　0.0971　0.8235　0.6948　0.3171　0.9502　0.0344]。

【解】
$$
a = \begin{bmatrix}
0.6557 & 0.0357 & 0.8491 & 0.9340 & 0.6787… \\
0.7577 & 0.7431 & 0.3922 & 0.6555 & 0.1712… \\
0.7060 & 0.0318 & 0.2769 & 0.0462 & 0.0971… \\
0.8235 & 0.6948 & 0.3171 & 0.9502 & 0.0344
\end{bmatrix}
$$

2.4　字符串数组

在 MATLAB 中,字符串是作为字符串数组用单引号输入到程序中的,由于字符串数组是按照对应的 ASCII 码来存储的,所以字符串中所有的字符(包括空格)都是字符串数组中的元素,而且还要区分大小写。访问字符串中某一个字符的方法就同访问数组元素一样。

创建字符串数组时，首先要在指令行中把待建的字符放在"单引号对"中，然后按 < Enter > 键。需要注意的是，"单引号对"必须在英文状态下输入。有了这个"单引号对"，MATLAB 就可以识别送来内容的"身份"（是变量名、数值、还是字符串）。如果字符串内容本身包含单引号，则需要在键入字符串内容的单引号时，再另外键入一个单引号，即连续键入两个单引号即可。

例如，用户可以输入：

```
>> m = ' Everything has its drawback.'
m =
Everything has its drawback.
>> size(m)
ans =
      1    28
>> n = 'Say'' hello' to your friends'
n =
Say' hello' to your friends
```

说明：变量 m 被赋值成为一个字符串数组，这个字符串数组的每个字符——英文字母、空格和标点，都占据一个元素位。可以用 size 指令获得字符串数组的大小为 28，说明有 28 个字符放在"单引号对"中。

2.5　数值

2.1 节讲述了数值数组和矩阵，其中所有的数值都使用了 MATLAB 默认的双精度数值类型，本书也都以双精度数值展开。MATLAB 中，数值的表示方法有很多，可以使用传统的十进制记数法来表示一个数，也可用科学计数法表示一个数。

MATLAB 可以对复数进行运算。复数单位 $i = j = \sqrt{(-1)}$。下面给出的数值表示法都是合法的：

12	3.5689	256j	0.123456
-1999	5.13258e-25	4i	-7.14865e66

表 2-7　MATLAB 基本数值类型

数值类型名称	说　明	字　节　数	取　值　范　围	强制类型转换函数
double	双精度数值类型	8		double ( )
single	单精度数值类型	4		single ( )
uint8	无符号 8 位整数	1	$0 \sim 2^8 - 1$	uint8 ( )
uint16	无符号 16 位整数	2	$0 \sim 2^{16} - 1$	uint16 ( )
uint32	无符号 32 位整数	4	$0 \sim 2^{32} - 1$	uint32 ( )
uint64	无符号 64 位整数	8	$0 \sim 2^{64} - 1$	uint64 ( )
int8	有符号 8 位整数	1	$-2^7 \sim 2^7 - 1$	int8 ( )
int16	有符号 16 位整数	2	$-2^{15} \sim 2^{15} - 1$	int16 ( )
int32	有符号 32 位整数	4	$-2^{31} \sim 2^{31} - 1$	int32 ( )
int64	有符号 64 位整数	8	$-2^{63} \sim 2^{63} - 1$	int64 ( )
sparse	稀疏矩阵数值类型	N/A		

表 2-7 的最后一列的强制类型转换函数可以将系统默认的双精度数值转换为期望类型的数值。但是使用时需要注意：两个或多个整数数值之间的运算必须保证这些数值数据具有相同的类型，例如 uint8 型数值数据不能直接与 uint16 型数据进行运算，需要进行强制类型转换，同为 uint8 型或 uint16 型才能运算。

由于稀疏矩阵使用的特殊的存储数据方法，因此稀疏矩阵对象占用的内存字节数较特殊。

Matlab 在指令窗口中运行 who、whos 和 class 能够查询内存变量。运行 clear 能够从工作空间中删除变量和函数，见表 2-8。

表 2-8　与数值变量有关的函数

函　　数	功　　能	调用格式
who	显示工作空间中所有内存变量的名称	who
whos	显示变量的维数、字节数和数据类型	whos
class	显示变量的数据类型	class（变量名）
clear	清除工作空间中的所有变量	clear
	清除工作空间中的所有变量、全局变量、编译过的 M 函数	clear all
	清除工作空间名为 var1 和 var2 的变量	clear var1 var2
	清除工作空间名为 fun1 和 fun2 的函数	clear fun1 fun2
size	查询变量的尺寸	size（变量名）

【例 2.5-1】 whos 和 who 指令示例。
在命令行窗输入：

```
>>a = 45.786689, b = int8(a), c = single(a), d = double(c)
a =
    45.7867
b =
    46
c =
    45.7867
d =
    45.7867
>>whos
    Name    Size    Bytes    Class    Attributes
     a      1x1       8      double
     b      1x1       1      int8
     c      1x1       4      single
     d      1x1       8      double
>>who
Your variables are:
a  b  c  d
```

【例 2.5-2】 数据类型的转换示例。

在 MATLAB 窗口中输入以下指令：

```
>> X = [1,2,3]
X =
      1     2     3
>> Y = 2 * X
Y =
      2     4     6
>> Z = X + Y
Z =
      3     6     9
>> whos
  Name    Size    Bytes    Class    Attributes
   X      1x3     24       double
   Y      1x3     24       double
   Z      1x3     24       double
>> A = int8(X) + int8(Y)
A =
      3     6     9
>> whos
  Name    Size    Bytes    Class    Attributes
   A      1x3     3        int8
   X      1x3     24       double
   Y      1x3     24       double
   Z      1x3     24       double
>> A + Z
??? Error using = = > plus
```

Integers can only be combined with integers of the same class, or scalar doubles.

说明：X 行向量为双精度类型，Y 向量为双精度类型，Z = X + Y 为双精度类；X、Y 通过数据类型转换成有符号 8 位整数的数据类型，所以 A 为有符号 8 位整数；A 与 Z 虽然具有相同的数值，但占据的内存空间不同。双精度数据的加法和乘法运算的结果仍然是双精度数据，当双精度数据与整数数据相加时，MATLAB 给出错误报告。

2.6　M 文件

2.6.1　MATLAB 工作模式

MATLAB 有两种工作模式：一种是指令执行模式，另一种是 M 文件程序执行模式。

（1）指令执行模式

指令执行模式是在 MATLAB 的命令窗口逐行输入指令（每行可有多个，指令与指令之间用分隔符分开），MATLAB 立即逐条解释、执行并显示结果。指令操作时 MATLAB 只允许一次执行一行指令。这种工作方式操作简单、直观，但是速度慢，而且执行过程不能保留，例2.5-1、2.5-2 等均是这种模式。

（2）M 文件程序执行模式

这种模式下执行一个指令语句集文件，MATALB 自动地按照文件中排好的指令和语句，顺序执行并显示结果。这种指令语句集文件必须使用扩展名 .m，因此称为 M 文件。MATLAB 的这种工作模式为 M 文件程序执行模式，当程序需要使用大量语句时，M 文件程序执行模式非常方便，其编写和执行的效率远高于指令执行模式。

M 文件是使用 MATLAB 语言编写的程序代码。M 文件不能在命令窗口中建立。MATLAB 自身提供 M 文件编辑器（Editor/Debugger），可以完成 M 文件的编辑和调试。在默认情况下，M 文件编辑器不随 MATLAB 的启动而启动，当编写 M 文件时需要用户自己启动。

2.6.2　M 文件编辑器

M 文件编辑器（Editor/Debugger）的启动有两种常用的方式：

- 在命令行窗口输入 "edit" 后启动，如图 2-1 所示，出现 Editor 窗口。
- 通过 MATALB 的菜单项 "File" → "New" → "Script"（"New" 之后可以选择一个要编写的合适的 M 文件类型，"Script" 为脚本文件、"Function" 为函数文件）。

出现 Editor 窗口后，就可以在窗口中编辑程序。不论选择哪种文件类型，编辑器都是一样的。编辑器还有其他的启动方法，这里不再详述。

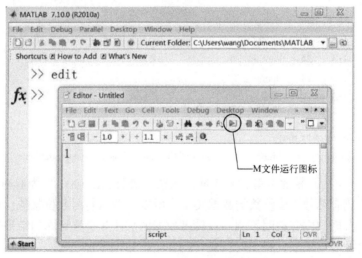

图 2-1　"edit" 启动 M 文件编辑器

保存 M 文件时，M 文件的命名要符合 "变量名命名规则"，即由字母、数字、下划线组成，以字母开头，不超过 31 个字符。除非特殊要求，用户应保证自己所创建的 M 文件名称具有唯一性，且避免与 MATLAB 所提供的函数同名。

要想运行 M 文件，可以单击图 2-1 所示 M 文件运行图标，或者在命令行窗口中输入已保存的文件名，然后按 <Enter> 键运行。

2.6.3　M 文件类型

M 文件大致可以理解为由一系列的语句组成的相对独立的一个运行体，可以分为脚本文件（Script）和函数文件（Function）。

（1）脚本文件

脚本文件是包含多条 MATLAB 命令的文件。脚本文件执行时，就如同将文件中的每一条命令依次输入到 MATLAB 命令行中一样，顺次执行，可以理解为最简单的 M 文件。它享用 MATALB 的基本工作空间，脚本文件运行产生的变量都驻留在 MATALB 的基本工作空间中，因此脚本文件中的变量都是全局变量，只要用户不使用 clear 命令清除，或 MATLAB 命令行窗口不关闭，这些变量将一直保存在工作空间中。脚本文件只是将一系列相关的代码结合封装，没有输入参数和输出参数，即不自带参数，也不一定要返回结果。

【例 2.6-1】 脚本文件示例：平面光波从空气（折射率 $n_1 = 1$）入射到石英玻璃中（$n_2 = 1.45$），分别做出 p，s 分量的振幅反射率 r_p 和 r_s，以及振幅投射率 t_p 和 t_s，以及它们随入射角 α 的变换曲线。其中 r_p、r_s、t_p、t_s 分别为：

$$r_p = \frac{n_2 \cos\alpha - n_1 \sqrt{1 - \left(\dfrac{n_1}{n_2}\right)^2 (\sin\alpha)^2}}{n_2 \cos\alpha + n_1 \sqrt{1 - \left(\dfrac{n_1}{n_2}\right)^2 (\sin\alpha)^2}}$$

$$r_s = \frac{n_1 \cos\alpha - n_2 \sqrt{1 - \left(\dfrac{n_1}{n_2}\right)^2 (\sin\alpha)^2}}{n_1 \cos\alpha + n_2 \sqrt{1 - \left(\dfrac{n_1}{n_2}\right)^2 (\sin\alpha)^2}}$$

$$t_p = \frac{2 n_1 \cos\alpha}{n_2 \cos\alpha + n_1 \sqrt{1 - \left(\dfrac{n_1}{n_2}\right)^2 (\sin\alpha)^2}}$$

$$t_s = \frac{2 n_1 \cos\alpha}{n_1 \cos\alpha + n_2 \sqrt{1 - \left(\dfrac{n_1}{n_2}\right)^2 (\sin\alpha)^2}}$$

【解】 在 M 文件编辑器中输入下列命令，并保存文件为 example26_1.m。

```
%% 脚本文件
clear                           % 清除内存空间
close all                       % 关闭所有做图页面
n1 = 1;                         % 空气折射率
n2 = 1.45;                      % 石英玻璃折射率
alpha = 0:1:90                  % 入射角范围
a = alpha * pi/180              % 入射角转换为弧度制
rp = (n2 * cos(a) - n1 * sqrt(1 - (n1/n2) * sin(a)).^2)./(n2 * cos(a) + n1 * sqrt(1 - (n1/n2) * sin(a)).^2);
rs = (n1 * cos(a) - n2 * sqrt(1 - (n1/n2) * sin(a)).^2)./(n1 * cos(a) + n2 * sqrt(1 - (n1/n2) * sin(a)).^2);
tp = 2 * n1 * cos(a)./(n2 * cos(a) + n1 * sqrt(1 - (n1/n2) * sin(a)).^2);
ts = 2 * n1 * cos(a)./(n1 * cos(a) + n2 * sqrt(1 - (n1/n2) * sin(a)).^2);
```

```
figure(1);
subplot(1,2,1)                              % 窗口分割为 1 行 2 列,以便绘图
plot(alpha,rp', -. rv ,alpha,rs', - - * )    % 绘图
legend( ' rp ', rs )                        % 添加图例
subplot(1,2,2)
plot(alpha,tp', -. rv ,alpha,ts', - - * )
legend( ' tp ', ts )
```

运行 example26_1. m 文件,结果如图 2-2 所示。

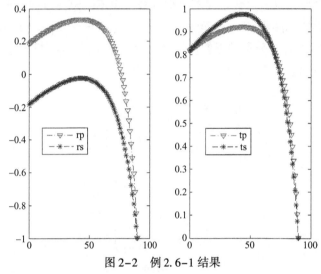

图 2-2　例 2.6-1 结果

（2）函数文件

函数文件是在脚本文件的基础之上多添加了 function 定义行,即函数文件是以函数声明行"function…"作为开始的,其实质就是用户往 MATLAB 函数库里添加了子函数;函数文件可以带输入参数,也可以返回输出参数。函数文件中的变量都是局部变量,除非使用了特别声明。函数运行完毕之后,其定义的变量将从工作区间中清除。函数文件必须用函数调用方式调用,这与脚本文件的运行是截然不同的。下面通过例 2.6-2 详细说明。

【例 2.6-2】函数文件示例——average. m,如图 2-3 所示。

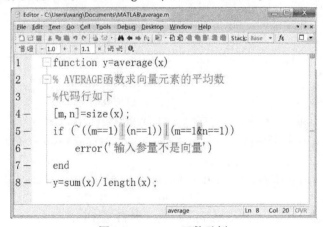

图 2-3　average 函数示例

从图 2-3 可以看出，函数的声明行位于函数的首行，且以 MATLAB 关键字 function 开头，函数名和函数的输入输出参量都在这一行定义。例如 function y = average（x），其中 function 为关键字，函数名称为 average，函数的输出参数为 y，函数的输入参数为 x。

函数的名称必须要以字母开头，后面可以是字母、数字和下划线的组合。一般推荐使用小写英文字母表示函数名称，同时保存函数的 M 文件名称最好和函数名称一致。如果文件名称和函数名称不一致，那么调用函数时，要使用文件名称，而不是函数名称。调用函数时，调用指令的大小写必须与函数名称或文件名称的大小写完全一致，否则会报错。

紧随函数声明行后是以 % 开头的注释行。按照 MATLAB 自身文件规则，注释行应包括函数名，运用关键词简要描述该函数功能。在线帮助中比较重要而且特殊的是在线帮助的第一行。在 MATLAB 中将这行注释称为 H1 帮助行，如果使用 look for 函数进行查询，查询显示函数的 H1 帮助行。由于 H1 帮助行的特殊作用，用户在自己定义 M 函数文件时，一定要编写相应的 H1 帮助行，以对函数进行简要说明或注释。

函数文件犹如一个"黑箱"，从外界只能看到传给它的输入量和送出的计算结果。函数文件的调用不能使用图 2-1 上指示的运行图标，而是应该在命令行窗口中给出函数的输入参数，然后调用。例 2.6-2 中的函数文件 average.m 的调用需要在命令窗口中键入：

```
>> a = 1:60;
>> b = average(a)
b =
    30.5000
```

2.7　流程控制语句

作为一种常用的编程语言，MATLAB 程序主要有三种基本的程序结构：顺序结构、循环结构和分支结构。

顺序结构是最简单的程序结构，系统在编译程序时，按照程序的物理位置顺序依次执行，直到程序最后一条语句。例 2.6-1 即为典型的顺序结构。

循环结构是按照给定的条件，重复执行指定的语句。这组被重复执行的语句称为循环体，循环体是否执行要依据给定的条件，这个条件叫作循环终止条件。MATLAB 语言为循环结构提供 for 和 while 两种循环语句。

分支结构是依照不同的判断条件进行判断，然后根据判断的结果选择下一步该执行什么。MATLAB 的分支结构可以使用 if 或 switch 语句实现。

2.7.1　for 和 while 循环语句

MATLAB 中，当循环次数不确定时，使用 while 循环；当循环次数确定时，使用 for 循环。for 和 while 循环语句具体使用方法见表 2-9。

表 2-9　for 循环与 while 循环

for 循环	while 循环
● for 语句的格式为： for 循环变量 = 表达式 1：表达式 2：表达式 3 　循环体语句 end 　其中表达式 1 的值为循环变量的初值，表达式 2 的值为步长，表达式 3 的值为循环变量的终值。步长为 1 时，表达式 2 可以省略。 ● for 语句更一般的格式为： for 循环变量 = 矩阵表达式 　循环体语句 end 执行过程是依次将矩阵的各列元素赋给循环变量，然后执行循环体语句，直至各列元素处理完毕	● while 语句的一般格式为： while　（条件） 　循环体语 end 　每次执行循环时，只要"条件"为"真"，即非 0，则执行循环体语句；执行后再判断条件是否为"真"如果为"真"，继续执行循环体语句，如果为"假"，即 0，则跳出循环

【例 2.7-1】 利用 for 循环求 1! + 2! + 3! ⋯ + 10! 的值。

【解】 在 M 文件编辑器中输入下列命令，并保存文件为 example27_1. m。[注]

```
clear;                    % 清除内存空间变量
f = 1;
s = 0;
for m = 1:10              % 循环从 1 开始,到 10 结束,步长默认为 1
    f = f * m;            % 计算阶层
    s = s + f;            % 进行加和
end
s
```

在命令行窗口输入文件名 example27_1，并按 < Enter > 键后，运行程序并得到 s 结果。

```
>> example27_1
s =
    4037913
```

【例 2.7-2】 利用 while 循环求 1! + 2! + 3! ⋯ + 10! 的值。

【解】 在 M 文件编辑器中输入下列命令，并保存文件为 example27_2. m。

```
clear;
m = 1;
f = 1;
s = 0;
while m <= 10             % 条件为真,执行循环体
    f = f * m;
    s = s + f;
```

[注] 本书后续章节例题保存文件名均为 "example 章节_例题号" 形式，以后不再叙述。

```
        m = m + 1;                    %  m 需要加 1,然后再次判断条件是否为真
    end
    s
```

运行 example27_2, 结果为:

```
>> example27_2s =        4037913
```

【例 2.7-3】数组 $A = \begin{bmatrix} 15 & 75 & 13 & 16 & 37 \\ 24 & 81 & 14 & 16 & 35 \\ 4 & 6 & 15 & 23 & 69 \\ 78 & 54 & 16 & 32 & 96 \end{bmatrix}$, 求每列的平均数。

【解】在 M 文件编辑器中输入下列命令, 并保存文件为 example27_3. m。

```
A = [15 75 13 16 37;24 81 14 16 35;4 6 15 23 69;78 54 16 32 96];
for i = A
    sum = mean(i)                    %  mean 为 MATLAB 求平均数函数
end
```

运行 example27_3, 结果为:

```
>> example27_3
sum =
   30. 2500
sum =
   54
sum =
   14. 5000
sum =
   21. 7500
sum =
   59. 2500
```

i 被设定为数组 A(:,k), k 为列数。第一次循环 k = 1, 然后反复执行, 直到 k = 5。所以循环结果为分别计算矩阵每列元素的均值。

2.7.2　break 和 continue 语句

在循环结构中, 还有 break 和 continue 两条辅助语句可以影响程序流程。

break 语句用于强迫终止循环的执行。当在循环体内执行到该语句时, 程序将跳出循环, 继续执行循环语句的下一语句。需要注意的是它只能退出一层循环, 假如目前有内外两层循环, 在内层循环中执行 break 只会退出内层的循环。它的使用方法是:

```
break;
```

continue 语句作用是中断本次循环体运行。当在循环体内执行到该语句时, 程序将跳过循环体中所有剩下的语句, 继续下一次循环。它的使用方法是:

continue;

【例 2.7-4】break 终止循环示例，k 从 1 循环到 10，如果遇到 k 等于 4，break 跳出循环。

【解】在 M 文件编辑器中输入下列命令，并保存文件为 example27_4. m。

```
clear;
for k = 1:10
    if k == 4
        break;
    end
    k
end
```

运行 example27_4，结果为：

```
>> example27_4
k =
     1
k =
     2
k =
     3
```

例 2.7-4 的输出结果为 1、2、3；在 k = 4 时，经判断 k == 4，为真，执行 break 语句，即 break 后面的所有语句都不再执行，跳出当前 for 循环。第 6 行语句只写一个 k，可以实现记录输出此时循环的个数。

【例 2.7-5】continue 终止循环示例。

【解】在 M 文件编辑器中输入下列命令，并保存文件为 example27_5. m。

```
clear;
for k = 1:7
    if k == 4
        continue;
    end
    k
end
```

运行 example27_5，结果为：

```
>> example27_5
k =
     1
k =
     2
k =
```

$$3$$
k =
$$5$$
k =
$$6$$
k =
$$7$$

输出为 1、2、3、5、6、7。k = 1、k = 2、k = 3 时，if 条件为假，不执行 if – end 语句，输出 1、2、3。当 k = 4 时，进行判断，k = = 4 为真，执行 continue，跳出本次循环，不再输出 4。直接到下一次循环，输出 5、6、7。

2.7.3   if – elseif – else 条件分支语句

if – else – end 指令为程序流程提供了一种分支语句，最常用的使用方法见表 2–10。

表 2–10   条件分支语句

单　分　支	双　分　支	多　分　支
if 逻辑表达式 　　程序语句组 end 　其中，逻辑表达式为真，执行程序语句组；逻辑表达式为假，跳到 end 后执行	if 逻辑表达式 　　程序语句组 1 else 　程序语句组 2 end 　其中，逻辑表达式为真，执行程序语句组 1，然后跳到 end 后执行。逻辑表达式为假，执行程序语句组 2，然后再接着执行 end 后语句	if 逻辑表达式 1 　　程序语句组 1 elseif 逻辑表达式 2 　　程序语句组 2 …… elseif 逻辑表达式 n 　　程序语句组 n else 　　程序语句组 n + 1 end 逻辑表达式 1，…逻辑表达式 n 中，首先给出逻辑值为"1"的那个分支的程序语句组被执行；否则执行程序语句组 n + 1

【例 2.7–6】某旅行团有男人、女人和小孩共计 30 人，在华盛顿地区一家饭店吃饭，该饭店按人数收费。男人每餐 30 美元、女人每餐 20 美元，儿童每餐 10 元。饭店收到 500 美元，男人、女人、儿童的人数共有多少种可能？

【解】在 M 文件编辑器中输入下列命令，并保存文件为 example27_6. m。

```
for man = 1:30
    for woman = 1:30
        for children = 1:30
            if(man * 30 + woman * 20 + children * 10 == 500)&(man + woman + children == 30)
            fprintf('Man:%d\n',man)
            fprintf('Woman:%d\n',woman)
            fprintf('Chlidren:%d\n',children)
            end
        end
    end
end
```

运行 example27_6. m，结果为：

```
Man:1
Woman:18
Chlidren:11
Man:2
Woman:16
Chlidren:12
Man:3
Woman:14
Chlidren:13
Man:4
Woman:12
Chlidren:14
Man:5
Woman:10
Chlidren:15
Man:6
Woman:8
Chlidren:16
Man:7
Woman:6
Chlidren:17
Man:8
Woman:4
Chlidren:18
Man:9
Woman:2
Chlidren:19
```

【例 2.7-7】 从键盘输入自变量 x 的值，由分段函数 $y = \begin{cases} x\cos x & x < 0 \\ \sin x & x \geqslant 0 \end{cases}$，给出 y 的值。

【解】 在 M 文件编辑器中输入下列命令，并保存文件为 example27_7. m。

```
x = input('Please input a number:');      % input 指令是从键盘输入数值、字符串或表达式
if x < 0
    y = x * cos(x)
else
    y = sin(x)
end
```

运行 example27_7，结果为：

```
Please input a number: -5
y =
```

-1.4183

指令 input 提示用户从键盘输入数值、字符串或表达式，并接受该输入，常用调用格式如下：

>　x = input('Please input a number:')

该指令运行后将给出如下提示符，并等待键盘输入：

Please input a number：

用户可以输入数值或表达式，也可以输入字符串（字符串两端必须有单引号），按回车键后，该输入被赋值给变量 x。

>　x = input('Please input a number:', 's')

用户可以输入任何内容，（无论数字还是字符）一律被当作字符串赋值给变量 x。

【例 2.7-8】　if 多分支语句示例。

【解】　在 M 文件编辑器中输入下列命令，并保存文件为 example27_8.m。

```
a = 30;
    if a == 10
fprintf('Value of a is 10\n');        % 把字符串数组写到标准输出设备(屏幕)上
    elseif a == 20
fprintf('Value of a is 20\n');
        elseif a == 30
fprintf('Value of a is 30\n');
    else
fprintf('None of the values are matching\n');
        a
    end
```

运行 example27_8.m，结果为：

Value of a is 30

2.7.4　switch – case 切换多分支语句

当使用 if – elseif – else 语句处理较多分支转向，程序的可读性会较差，可以采用 switch – case 语句替代 if – elseif – else 语句。

switch – case 的语句格式为：

```
switch 表达式
    case 表达式 1
        程序语句组 1
    case 表达式 2
        程序语句组 2
        ……
```

```
    case 表达式 n
        程序语句组 n
    otherwise
        程序语句组 n + 1

    end
```

当遇到 switch – case 语句时，MATLAB 将 switch 后面表达式的值依次和 case 表达式的值进行比较。如果比较结果为假，则取下一个 case 表达式值来比较。一旦比较结果为真，则执行这组 case 后面的程序组，然后跳出该 switch – case 结构。如果所有比较结果均为假，则执行 otherwise 后面的程序语句组 n + 1。这样，上述结构保证至少有一组指令会被执行。

case 后面表达式可以是一个标量值、一个字符串，还可以是一个胞元数组。当 case 后为胞元数组时，MATLAB 把 switch 表达式的值和 case 后胞元数组中所有的元素进行比较，只要胞元数组中有一个元素与 switch 后表达式的值相等，MATLAB 就判定比较结果为真，从而执行该 case 的程序组语句。

【例 2.7–9】给出学生百分制成绩，要求转化为等级制输出。90 分及以上，等级制输出为"优秀"；80 ~ 89 输出为"良好"；70 ~ 79 输出为"中等"；60 ~ 69 输出为"及格"；其他为"不及格"。

【解】在 M 文件编辑器中输入下列命令，并保存文件为 example27_9. m。

```
    s = input( 请输入学生百分制成绩 )
    switch fix( s/10 )          % 函数 fix( ),朝零方向取整
        case {10,9}             % {10,9}为胞元数组
            G = 优秀
        case 8
            G = 良好
        case 7
            G = 中等
        case 6
            G = 及格
        otherwise
            G = 不及格
    end
```

运行 example27_9. m，结果为：

```
    请输入学生百分制成绩 56
    s =
        56
    G =
    不及格
```

2.8 文件操作

MATLAB 具有强大的数据处理功能，经常需要从外部文件读取数据或将数据写到外部

文件。其中，MATLAB 把从磁盘或剪贴板获取数据并保存在工作空间的过程称为导入（Importing）数据；把数据从工作空间按照一定的格式保存到磁盘文件的过程称为导出（Exporting）数据。用户可以根据不同的需要和不同的文件格式，选择不同的 I/O 函数，表 2-11仅列出了 MATLAB 部分 I/O 函数。关于 I/O 函数可以使用帮助浏览器的分类活页窗中查看（即通过 "MATLAB" → "Functions" → "Data Import and Exprot" 查看 MATLAB 的帮助文档），如图 2-4 所示。

表 2-11　MATLAB I/O 函数

功　能	函　数	详　细　说　明
MAT 文件	load	加载 MAT 数据文件
	save	保存 MAT 数据文件
文件的打开与关闭	fopen	打开数据文件
	fclose	关闭数据文件
格式文件	fscanf	从文件中读取格式化数据
	fprintf	向文件中写入格式化数据
二进制文件	fread	读取二进制文件数据
	fwrite	写入二进制文件数据
ASCII 文件	dlmread	读取 ASCII 逗号分隔符的数据文件
	dlmwrite	写入 ASCII 逗号分隔符的数据文件
图像文件	imread	读取图像文件
	imwrite	写入图像文件
声音文件	auwrite	写入 . au 文件
	auread	读取 . au 文件
	wavwrite	写入 . wav 文件
	wavread	读取 . wav 文件

1. MAT 文件的保存与加载

（1）save 命令

save 指令能够将工作空间的变量保存到指定的数据文件中。save 命令的调用格式较多，可以参考 save 的帮助文档，本节仅讲述 save 命令最基本的调用格式。

> save filename% 将工作空间的所有变量保存到名为 filename. mat 的二进制文件中
>
> save filename x y z% 将变量 x、y、z 保存到名为 filename. mat 的二进制文件中

在命令行窗口建立矩阵 a，变量 b。然后使用 save 命令将 a 矩阵保存为一个名为 exam 的文件，系统会给出默认扩展名 . mat。在图 2-5 左侧的当前目录浏览器上，可以看到新建立的 exam. mat 文件。如果不指定 a 变量，就是当前所有的变量都要保存，例如将所有变量都保存到 exam2 中（save exam2）。如图 2-5 左侧的当前目录浏览器上，可以看到新生成的 exam2. mat 文件。如果重新启动 MATLAB，工作空间中的上述变量系式不存在了，只要双击当前目录浏览器的 exam2. mat 文件，即可完成所有变量的重新加载（这种方法的加载与使用

load 命令加载 . mat 文件相同）。

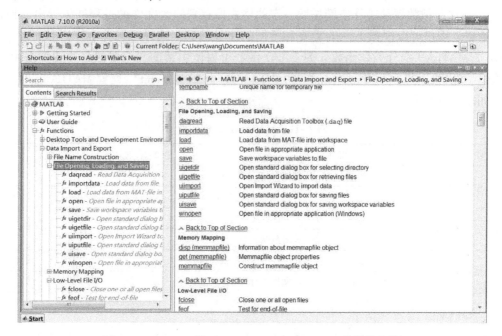

图 2-4　MATLAB 的"Data Import and Exprot"的帮助文档

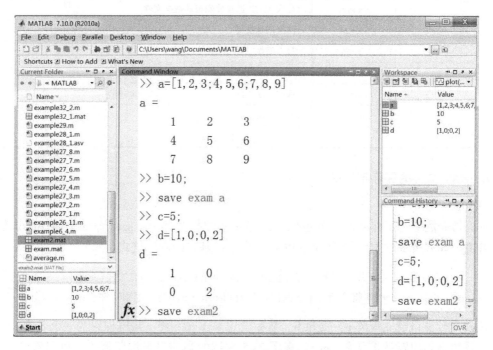

图 2-5　save 命令的使用

```
>>a=[1,2,3;4,5,6;7,8,9]
a =
      1      2      3
```

```
        4      5      6
        7      8      9
>> b = 10;
>> save exam a              % 保存 a 变量到 exam. mat
>> c = 5;
>> d = [1,0;0,2]
d =
        1      0
        0      2
>> save exam2              % 保存工作空间所有变量到 exam2. mat
```

（2）load 命令

Load 命令能把 MATLAB 的数据文件（扩展名为 . mat）加载数据到当前工作空间。需要说明的是，load 也可以从 . txt 或 . dat 文件加载数据到工作空间，但是要求文件中不能包含特殊的文件间隔符。load 命令的最基本调用格式有以下几种。

> load filename% 将指定文件中所有变量加载到当前的工作空间。load 会寻找名称为 filename. mat 的文件，并以二进制格式载入。若找不到 filename. mat，则寻找名称为 filename 的文件，并以 ASCII 格式载入
>
> load filename x y z…% 将指定文件中指定的变量加载到当前工作空间
>
> load filename – ascii% load 会寻找名称为 filename 的文件，并以 ASCII 格式载入

通过图 2-6 可以看出，将工作空间的变量用 clear 命令清空后，使用 load exam 和 load exam2 后，图 2-6 右上侧的工作空间中重新加载进了 a、b、c、d 四个变量。

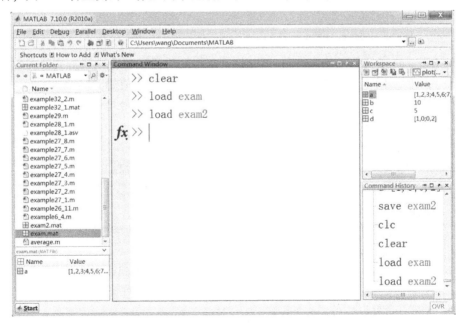

图 2-6　load 命令的使用

下面从文件的编码方式上来说明一下二进制和 ASCII 文件格式的区别。

- ASCII 文件也称为文本文件，这种文件在磁盘中存放时，每个字符对应一个字节，用于存放对应的 ASCII 码。例如，数 5678 的存储形式为：00110101（5）00110110（6）00110111（7）00111000（8）
  共占用 4 个字节。ASCII 码文件可在屏幕上按字符显示，例如源程序文件就是 ASCII 文件，用 DOS 命令 TYPE 可显示文件的内容。由于是按字符显示，因此能读懂文件内容。
- 二进制文件是按二进制的编码方式来存放文件的。例如，数 5678 的存储形式为：00010110 00101110（十进制 5678 转换成二进制）只占两个字节。二进制文件虽然也可在屏幕上显示，但其内容无法读懂。

2. 文件的打开与关闭函数

（1）fopen 函数

MATLAB 进行文件的导入和导出有三种不同的途径，分别是高级例程、低级例程和文件的导入、导出向导。save 和 load 命令属于 MATLAB 的高级文件 I/O 例程，该类命令针对不同的数据格式文件提供了不同的数据导入和导出函数。fopen 和 fclose 这类的函数属于低级文件 I/O 例程。所谓低级例程，是指在使用这些函数进行文件读写的时候，需要程序员了解文件的格式，并按照文件的格式进行相应的数据转换，即这类函数仅仅为访问一种类型的数据文件提供接口。

fopen 函数是打开一个文件并创建文件标识以为接下来的读写等操作做准备。fopen 函数本身不进行读操作，之后可以使用 fscanf 函数读取数据，根据需要对数据进行筛选和编辑等。

fopen 函数的常用的调用格式规则有以下两种。

```
fileID = fopen( filename );
fileID = fopen( filename ', permission );
```

其中，filename 是要打开的文件名；fileID 是文件的句柄（或者理解为文件的代号），使用 fopen 后默认会返回一个文件代号给 fileID 变量，常用的返回值如下：

- fileID = +N（N 是正整数）：表示文件打开成功，文件代号是 N。fileID 在此次文件关闭前总是有效的。
- fileID = -1：表示文件打开不成功。

permission 为指定打开文件的模式，它的取值可以为以下几种。

- r：为进行读的操作打开文件。
- w：为进行写的操作打开文件；删除已存在文件内容。
- a：为进行写的操作打开或创建新文件；在文件末尾处追加数据。
- r+：为进行读和写的操作打开文件（不创建新文件）。
- w+：删除已存在文件内容；为进行读和写的操作打开或创建一个新文件。
- a+：为进行读和写的操作打开或创建一个新文件；在文件末尾追加数据。

更加详细的说明可以使用 help fopen，参看帮助文档。

（2）fclose 函数

fclose 函数能够关闭已经打开的一个文件或全部文件。fclose 的调用格式有以下两种。

一种为

　　　　sta = fclose(fileID) ;

其中，fileID 是从 fopen 处获得的文件句柄，该命令关闭已经打开的文件句柄为 fileID 的一个文件；sta 表示关闭文件操作的返回代码，若关闭成功，返回 0，否则返回 −1。

另一种为

　　　　fclose(all) ;

该语句是关闭所有已经打开的文件。

3. 二进制文件的读写操作

（1）fwrite 函数

fwrite 函数按照指定的数据精度将矩阵中的元素写入到文件中。其调用格式为：

　　　　$COUNT = fwrite(fileID, A, precision)$

其中，COUNT 是返回所写的数据元素个数（可缺省）；fileID 为利用 fopen 命令打开文件的句柄，按列的顺序写矩阵 A 的数据到二进制文件中；precision 代表数据精度，常用的数据精度有 char、uchar、int、long、float、double 等。缺省数据精度为 uchar，即无符号字符格式。

（2）fread 函数

fread 函数读取二进制文件的数据，并将数据存入矩阵。其调用格式为：

　　　　$[A, COUNT] = fread(fileID, size, precision)$

其中，A 是用于存放读取数据的矩阵；COUNT 是返回所读取的数据元素个数；fileID 为利用 fopen 命令打开文件句柄；size 为可选项，若不选用则读取整个文件内容，若选用，则它的值可以是下列值：N（读取 N 个元素到一个列向量）、inf（读取整个文件）、[M, N]（读数据到 M × N 的矩阵中，数据按列存放）；precision 用于控制所写数据的精度，其形式与 fwrite 函数相同。

【例 2.8−1】将一个二进制矩阵存入磁盘文件中。

```
>> a = [1 2 3 4 5 6 7 8 9 10 11 12];
>> fileID = fopen( 'mydata1 ', 'w' )      %以写的方式打开文件,得到句柄
fileID =
    3
>> fwrite( fileID, a', 'double' )          %写入 12 个数据
ans =
    12
>> fclose( fileID )                       %关闭已打开的文件
ans =
    0
```

由于是二进制文件，所以用文本文件方式打开看到的是乱码，只能用能够打开二进制文件的编辑器，例如 UltraEdit 打开，才能看到存储在文件中的二进制数据。

【例 2.8−2】读取例 2.8−1 中 mydata1 数据到矩阵 b 中。

```
>> fileID = fopen( mydata1 ', ⊦ )
        fileID =
    3
>> [ b, count ] = fread( fileID, inf', double )
b =
    1
    2
    3
    4
    5
    6
    7
    8
    9
    10
    11
    12
count =
    12
>> fclose( fileID ) ;
```

上述程序从 mydata1. txt 中读取数据，放在列向量 b 中，最终 count = 12;b = [1,2,3,4, 5,6,7,8,9,10,11,12]。

4. 文本文件的读写操作

（1）fprintf 函数

fprintf 函数可以将数据按指定格式写入到文本文件中。其调用格式有以下两种。

一种为

```
fprintf( fileID, format, A ) ;
```

该语句是把矩阵 A 中的数据按照 format 规定的格式写到 fidID 指向的文件中。其中，fileID 为利用 fopen 命令打开文件句柄，指定要写入数据的文件；format 是用来控制所写数据格式的格式符，由"%"开头，再加上格式符组成。表 2-12 列出了常见的格式变换符号。具体说明如下。

- %：表示格式说明的起始符号，不可缺少。
- –：有 – 表示左对齐输出，如省略表示右对齐输出。
- 0：有 0 表示指定空位填 0，如省略表示指定空位不填。
- m.n：m 指域宽，即对应的输出项在输出设备上所占的字符数；n 指精度。用于说明输出的实型数的小数位数。

另一种为

```
fprintf( format, A ) ;
```

该语句将 format 格式的数据 A 显示到屏幕上。

表 2-12　格式变换符号

符　号	含　义
%d	十进制整数
	%md：m 为指定的输出字段的宽度。如果数据的位数小于 m，则左端补以空格，若大于 m，则按实际位数输出
%f	浮点数；不指定宽度，整数部分全部输出，并输出 6 位小数
	%m.nf：输出共占 m 列，其中有 n 位小数，若数值宽度小于 m 左端补空格 % - m.nf：输出共占 m 列，其中有 n 位小数，若数值宽度小于 m 右端补空格
%s	字符串
	%ms：输出的字符串占 m 列，如果字符串本身长度大于 m，则将字符串全部输出。若串长小于 m，则左补空格 % - ms：如果串长小于 m，则在 m 列范围内，字符串向左靠，右补空格 %m.ns：输出占 m 列，但只取字符串中左端 n 个字符。这 n 个字符输出在 m 列的右侧，左补空格
	% - m.ns：其中 m、n 含义同上，n 个字符输出在 m 列范围中的左侧，右补空格。如果 n > m，则自动取 n 值，即保证 n 个字符正常输出
%c	字符
%e	指数格式浮点数 e - 记数法：数字部分（又称尾数）输出 6 位小数，指数部分占 5 位或 4 位
	%m.ne 和% - m.ne：m、n 和" - "字符含义与前相同。此处 n 指数据的数字部分的小数位数，m 表示整个输出数据所占的宽度
%E	指数格式浮点数 E - 记数法，用法同%e
%i	有符号十进制整数，用法与%d 相同
%u	无符号十进制整数
%g	根据数值不同自动选择%e 和%f 的紧凑格式
%G	根据数值不同自动选择%E 或%f 的紧凑格式
+	有符号输出
%o	无符号八进制整数
%u	无符号整数
%x	十六进制表示，使用小写字母 x
%X	十六进制表示，使用大写字母 X

另外参数 format 还可以包括转义字符，如表 2-13 所示。

表 2-13　转义字符

符　号	含　义
\ b	退后一格
\ f	换页
\ n	换行
\ r	回车
\ \	反斜线
% %	百分号

在命令行窗口输入下列命令：

```
>> t = 1:2;
>> fprintf('t:%d\n',t)
t:1
t:2
>> a = pi;
>> fprintf('a = %6.4f\t',a)          % 域宽为6,其中包括小数点后4位
a = 3.1416
>> fprintf('a = %4.2f\t',a)          % 域宽为4,其中包括小数点后2位
a = 3.14
```

（2）fscanf 函数

fscanf 函数可以读取文本文件的内容，并按指定格式存入矩阵。其调用格式为：

[A,COUNT] = fscanf(fileID,format,size);

该语句是从文件指针 fileID 指向的文件中读取数据并返回给矩阵 A。其中，COUNT 返回所读取的数据元素个数；fileID 为利用 fopen 命令打开文件句柄；format 用来控制读取的数据格式，与 fprintf 的 format 相同；size 为可选项，决定矩阵 A 中数据的排列形式，它可以取下列值：n（读 n 个数据到一个列向量）、inf（一直读到文件末尾，读出的数据放到一个列向量）和 [m,n]（读出的数据个数等于一个 m×n 矩阵中的元素总数，读出的数据按照列的顺序）。

【例 2.8-3】 文本文件写操作示例。

```
>> c = linspace(1,2,10);
>> fileID = fopen('mydata2.txt','w');
>> fprintf(fileID,'%f',c);
>> fclose(fileID);
```

【例 2.8-4】 文本文件读操作示例。

```
>> fileID = fopen('mydata2.txt','r');
>> [d count] = fscanf(fileID,'%f',inf)
d =
    1.0000
    1.1111
    1.2222
    1.3333
    1.4444
    1.5556
    1.6667
    1.7778
    1.8889
    2.0000
count =
```

```
10
>>fclose(fileID);
```

上述程序从 mydata2. txt 中读取数据，放在列向量 d 中，最终 count = 10；d = [1.0000 1.1111 1.2222 1.3333 1.4444 1.5556 1.6667 1.7778 1.8889 2.0000]。

2.9　应用实例——信号采样

所谓采样，就是利用采样脉冲序列从连续信号中"抽取"一系列离散样本值的过程。在实际中，如果信号是时间的函数，则以 T 为单位间隔来"抽取"连续信号的值。T 称为采样间隔。通常采样间隔都很小，一般在毫秒、微秒的量级。采样过程产生一系列的数字，称为样本，样本代表了原来的信号。每一个样本都对应着测量这一样本的特定时间点，而采样间隔的倒数，即 $1/T$ 为采样频率。采样频率也称为采样速度或者采样率，定义了每秒从连续信号中"抽取"并组成离散信号的采样个数，它用赫兹（Hz）来表示。通俗地讲，采样频率是指计算机每秒钟采集多少个信号样本。例如在数字音频领域，常用的采样率有：8000Hz 为电话所用采样率，对于人的说话已经足够；22050 Hz 为无线电广播所用采样率，广播音质；44100 Hz 为音频 CD，也常用于 MPEG - 1 音频（VCD，SVCD，MP3）所用采样率；96000 或 192000 Hz 为 DVD - Audio、一些 LPCMDVD 音轨、BD - ROM（蓝光盘）音轨、和 HD - DVD（高清晰度 DVD）音轨所用采样率。当前声卡常用的采样频率一般为 44.1 kHz（每秒采集声音样本 44.1 千次）。采样频率越高，获得的声音文件质量越好，占用存储空间也就越大。一首 CD 音质的歌曲会占去 45 MB 左右的存储空间。

在连续时间范围内（ $-\infty < t < \infty$ ）有定义的信号称为连续信号。假设信号是正弦信号 $\sin(2\pi t)$，如果时间 t 是连续的，那么 $\sin(2\pi t)$ 将是一个连续时间信号。在 MATLAB 仿真中对连续时间信号可以用"："运算符进行采样。当采样间隔足够小时，信号将越接近连续信号，即音质会越好。

除了正弦函数和余弦函数外，MATLAB 还提供了产生周期函数如周期锯齿波信号（sawtooth）和周期方波信号（square）函数。sawtooth 函数产生峰值为 ±1，周期为 2π 的函数。square 产生周期为 2π 的方波，可带占空比参数。MATLAB 也提供了非周期三角波信号（tripuls）和非周期矩形信号（rectpuls）函数。tripuls 函数和 rectpuls 函数能够产生脉冲中点为 t = 0，默认时宽为 1 的三角波信号。

【例 2.9-1】对正弦信号进行频率不同的采样，产生周期矩形脉冲、周期三角波信号。

【解】在 M 文件编辑器中输入下列命令，并保存文件为 example29_1. m。

```
% 正弦信号采样
det1 = 0.05;                % 采样间隔为 0.5 s,所以采样频率为 2
t1 = -1:det1:1;            % 信号持续时间为[-1,1],每间隔 0.05 s 采样一次,共采 40 个数据
y1 = sin(2 * pi * t1);     % 对正选信号进行采样频率为 2 的采样,得到离散信号 y1
det2 = 0.005;             % 采样间隔为 0.005 s,所以采样频率为 200
t2 = -1:det2:1;          % 信号持续时间为[-1,1],每间隔 0.0005 s 采样一次
```

```
y2 = sin(2 * pi * t2);          % 对正选信号进行采样频率为 200 的采样,得到离散信号 y2
figure(1);                      % 创建用来显示图形输出的窗口对象 1
subplot(2,1,1);                 % 创建两行一列的第一个子图
plot(t1,y1',ò)                  % 绘制图形
xlabel('Time)                   % x 轴标注
ylabel('sin)                    % y 轴标注
subplot(2,1,2);
plot(t2,y2',ò)
xlabel('Time)
ylabel('sin)
% 产生频率为 10 Hz,占空比为 30% 的周期矩形脉冲信号
det3 = 0.001;                   % 采样间隔为 0.001 s,所以采样频率为 1000
t3 = 0:det3:0.3;                % 信号持续时间为 0.3 s,每间隔 0.001 s 采样一次,共采样 300 个
                                  数据
y3 = square(2 * pi * 10 * t3,30);  % 产生周期矩形脉冲信号,频率为 10Hz,30 表示占空比 30%
figure(2);                      % 创建用来显示图形输出的窗口对象 2
subplot(2,1,1);                 % 创建两行一列的第一个子图
plot(t3,y3)                     % 绘制图形
axis([0 0.3 -2 2])              % 显示图形窗口的范围([xmin xmax ymin ymax])
% 产生峰值为 1,周期为 2 的周期三角波信号
det4 = 0.001;                   % 采样间隔为 0.001 s,所以采样频率为 1000
t4 = -3:det3:3;                 % 信号持续时间为 0.3 s,每间隔 0.001 采样一次
width = 0.5;                    % width 是位置横坐标与周期的比,为 0～1 之间的数
y4 = sawtooth(pi * t4,width);   % 产生周期矩形脉冲信号,30 表示占空比 30%
figure(3);                      % 创建用来显示图形输出的窗口对象 2
subplot(2,1,2);                 % 创建两行一列的第一个子图
plot(t4,y4)                     % 绘制图形
axis([-3 3 -2 2])               % 显示图形窗口的范围([xmin xmax ymin ymax])
% 产生非周期三角脉冲和矩形脉冲
fs = 10000;
t = -1:1/fs:1;
x1 = tripuls(t,20e-3);
x2 = rectpuls(t,20e-3);
figure(3);
subplot(2,1,1);
plot(t,x1)
axis([-0.1 0.1 -0.2 1.2])
subplot(2,1,2);
plot(t,x2)
axis([-0.1 0.1 -0.2 1.2])
```

运行 example29_1.m,结果如图 2-7～图 2-9 所示。

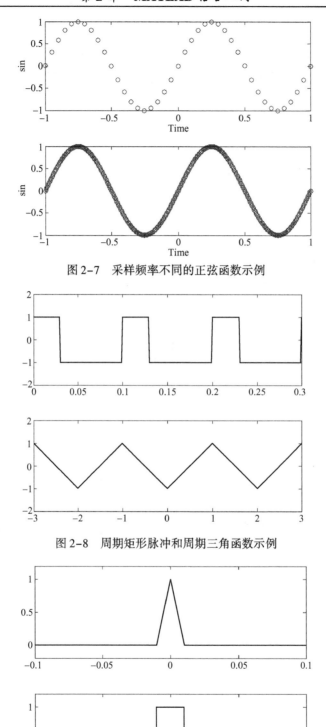

图 2-7　采样频率不同的正弦函数示例

图 2-8　周期矩形脉冲和周期三角函数示例

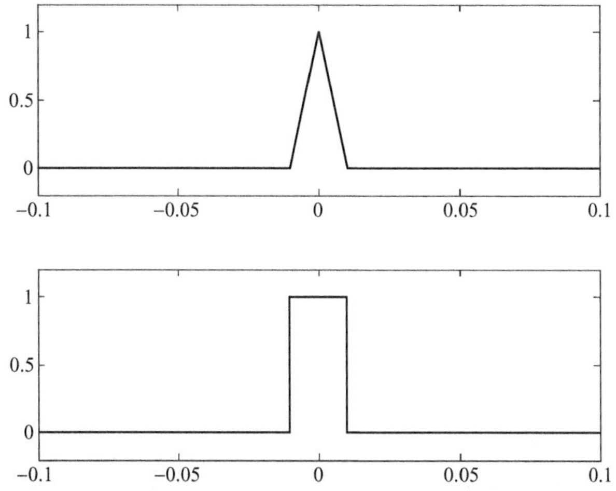

图 2-9　非周期三角波信号与非周期矩形脉冲函数示例

第3章　MATLAB 数组、矩阵创建及运算

MATLAB 专门以矩阵作为基本的运算单位，从计算机编程角度而言，为了能够与 C 语言等高级语言保持一定的相似性，MATLAB 的矩阵在 M 语言中使用数组的形式来表示。

一般而言，数组是有序数据的集合，数组的每一个成员称为元素，在大多数编程语言中元素都属于同种数据类型。需要特别说明的是：对于 MATLAB，有一种特殊的元胞数组，它的每一个元素数据类型可以不相同。

数组使用同一数组名称和不同的下标来唯一确定数组中的元素，下标是指元素在数组中的序号。M 语言的数组有一维、二维和多维数组的区别，一维数组也称为向量。本章将通过数组、矩阵创建及运算来说明 MATLAB 的最基本语法。

3.1　向量创建

MATLAB 中，一维数组也称为向量。向量的创建共有三种方法。

（1）冒号法创建向量

参看 2.3.3 节 MATLAB 指令行中标点符号。

```
>>a1 = 1:5          % 默认步长为 1
a1 =     1     2     3     4     5
>>a2 = 0:pi/3:pi      % 非整数步长
a2 =
         0    1.0472    2.0944    3.1416
>>a3 = 1: -0.25:0    % 负实数步长
a3 =
    1.0000    0.7500    0.5000    0.2500         0
```

（2）逐个元素输入法创建向量

这是最常用的构造方法，只要在光标提示符后输入方括号"[　]"，元素之间用空格键或"，"分隔。如：

```
>>a4 = [0,pi/6,pi/3,2 * pi/3,pi]
a4 =
         0    0.5236    1.0472    2.0944    3.1416
>>a5 = [0.2 0.3 0.4 1.1 1.2 1.3 2.1]
a5 =
    0.2000    0.3000    0.4000    1.1000    1.2000    1.3000    2.1000
```

（3）MATLAB 函数创建向量

MATLAB 有很多用来创建特殊形式数组的函数，下面列举 4 个常用的创建向量的函数。

1）创建线性间隔向量的 linspace 函数。该函数基本调用格式为：

　　　　x = linspace(a,b,n)

　　其中，a、b 为左右端点；n 为产生的向量元素的个数，函数将根据 n 的数值平均计算元素之间的间隔，间隔的计算公式为：$\frac{b-a}{n-1}$。所以，linspace 产生线性等间隔（1×n）行向量。例如在 1 和 3 之间产生线性间隔的 6 个元素的向量：

　　　　>> y = linspace(1,3,6)
　　　　y =
　　　　　1.0000　　1.4000　　1.8000　　2.2000　　2.6000　　3.0000

　　2）创建对数间隔向量的 logspace 函数。该函数基本调用格式为：

　　　　x = logspace(a,b,n)

　　其中，该函数创建的向量以 10^a、10^b 为左右端点；n 为产生的向量元素的个数，元素彼此之间的间隔按照对数空间的间隔设置。所以，logspace 产生对数等间隔（1×n）行向量。例如在 10^1 和 10^3 之间产生对数间隔的 6 个元素的向量：

　　　　>> y = logspace(1,3,6)
　　　　y =
　　　　　1.0e +003　*
　　　　　0.0100　　0.0251　　0.0631　　0.1585　　0.3981　　1.0000

　　3）创建均匀分布随机数 rand（1,n）。由于 rand（m,n）可以产生均匀分布的随机（m×n）的矩阵，所以当 m = 1 时，即 rand（1,n）产生均匀分布的随机向量，数值范围（0,1）。

　　　　>> y = rand(1,5)
　　　　y =
　　　　　0.8147　　0.9058　　0.1270　　0.9134　　0.6324

　　4）全 1 数组 ones（1,n）。由于 ones（m,n）可以产生元素全为 1 的（m×n）的矩阵，所以当 m = 1 时，ones（1,n）产生元素全为 1 的行向量。

　　　　>> y = ones(1,7)
　　　　y =
　　　　　1　　1　　1　　1　　1　　1　　1

　　（4）列向量创建
　　只要将行向量进行转置即可创建列向量。

　　　　>> b1 = (1:0.5:2)'
　　　　b1 =
　　　　　1.0000
　　　　　1.5000
　　　　　2.0000
　　　　>> b2 = a1
　　　　b2 =

```
        1
        2
        3
        4
        5
>> b3 = (logspace(1,3,6)′)
b3 =
  1.0e +003  *
    0.0100
    0.0251
    0.0631
    0.1585
    0.3981
1.0000
>> b4 = rand(1,5)′
b4 =
    0.8147
    0.9058
    0.1270
    0.9134
    0.6324
```

其中，"′"为矩阵共轭转置运算符。

3.2　矩阵创建

矩阵一般具有 m 行 n 列，在编程语言中，矩阵和二维数组经常指的是同一个概念。在 M 语言中，向量可以看作矩阵（或二维数组）的特例。矩阵的创建方法有直接输入法、数组编辑器创建法、M 文件创建法和函数创建法。

3.2.1　直接输入法

对于较小的矩阵，可以从键盘上直接输入。直接输入法创建矩阵共有三个要素需要记住：
- 整个输入矩阵首尾必须加方括号 "[ ]"。
- 矩阵的行与行之间必须加分号 ";" 或按〈Enter〉键。
- 矩阵元素之间可以使用逗号 "," 或者空格间隔。

例 2.1-1（具体参看 2.1 节矩阵和数组）使用的是同行输入法。除此之外还可以使用异行输入法，在命令行窗口输入：

```
>> y = [1,2,3
4,5,6
7,8,9]
```

```
y =
     1     2     3
     4     5     6
     7     8     9
```

3.2.2 数组编辑器创建法

当矩阵（数组）元素比较多，矩阵较大时，不便使用直接输入法，此时可以借助数组编辑器来完成矩阵的创建。下面举例说明具体的创建方法和创建步骤。

【例 3.2-1】试用数组编辑器，把如下（3×5）数组输入 MATLAB 内存，并命名为变量 rad。

0.1419	0.7922	0.0357	0.6787	0.3922
0.4218	0.9595	0.8491	0.7577	0.6555
0.9157	0.6557	0.9340	0.7431	0.1712

【解】1）单击工作空间浏览器（Workspace）中的 ▦（new variable）图标，在工作空间中产生了一个名为 unnamed 的变量，如图 3-1 和图 3-2 所示。

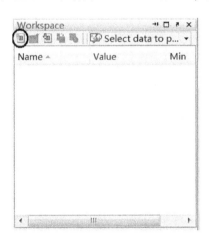

图 3-1 new variable 图标   图 3-2 Workspace 中新产生的 unnamed 变量

2）将光标闪动的"unnamed"修改为 rad。

3）双击变量"rad"，弹出图 3-3 所示的变量编辑器空白界面。数组中，除第一元素为 0 外，其余均为空白。双击空白的单元格，可以按照行和列输入数据，如图 3-4 所示。

变量输入并保存后，可以用 whos 命令查询。

```
>> whos
  Name      Size            Bytes  Class     Attributes
  rad       3x5               120  double
```

● 假如该变量供以后调试用，可以选择 MATALB 的菜单项"File"→"Save workspace as ….", 将变量保存为扩展名为 .mat 的文件，例如上述数据保存为 example32_1.mat 文件。

- 生成的 example32_1. mat 文件，可以通过"load"命令加载外部数据文件创建矩阵。在命令行窗口中输入：

>> load example32_1

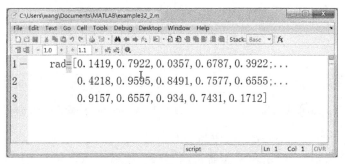

图 3-3   变量编辑器空白界面   图 3-4   变量编辑器输入数据后的界面

也可以在当前目录浏览中直接双击 example32_1. mat 文件名，则 MATLAB 会自动创建变量名为 rad 的矩阵。

3.2.3   M 文件创建法

对于经常调用的矩阵，当数据规模较大时，可以为它专门创建一个 M 文件。

【例 3.2-2】用 M 文件创建法，生成例 3.2-1 中数据的矩阵。

【解】1）打开 M 文件编辑器（Editor/Debugger），并在空白处输入所需要的数组，如图 3-5 所示。

```
1 —    rad=[0.1419, 0.7922, 0.0357, 0.6787, 0.3922;...
2          0.4218, 0.9595, 0.8491, 0.7577, 0.6555;...
3          0.9157, 0.6557, 0.934, 0.7431, 0.1712]
```

图 3-5   M 文件编辑器中创建矩阵界面

2）将上述文件保存为 example32_2. m。在需要 rad 矩阵时，可以直接用运行键运行该文件，或在命令行窗口运行该文件，就会自动生成名为 rad 的矩阵，并存储在 MATLAB 内存当中。运行后在 Workspace 可以看到 rad 矩阵。

```
>> example32_2
rad =
    0.1419    0.7922    0.0357    0.6787    0.3922
    0.4218    0.9595    0.8491    0.7577    0.6555
    0.9157    0.6557    0.9340    0.7431    0.1712
```

3.2.4　函数创建法

MATLAB 提供若干个特殊矩阵（或数组）的生成函数，如表 3-1 所示。

表 3-1　经典矩阵（或数组）生成函数

函　　数	说　　明
zeros（m，n）	产生元素全为 0 的（m×n）矩阵
ones（m，n）	产生元素全为 1 的（m×n）矩阵
eye（m）	产生（m×m）单位矩阵
rand（m，n）	产生均匀分布的随机数的（m×n）矩阵，数值范围（0~1）
randn（m，n）	产生均值为 0，方差为 1 的正态分布随机数的（m×n）矩阵
randi（imax，m，n）	一个在［1，imax］范围内的 m×n 的伪随机整数的（m×n）矩阵
randperm（n）	把 1 到 n 这些数随机打乱得到的一个数字序列
magic（n）	创建一个 n*n 的矩阵，矩阵元素是由整数 1 到 n^2 组成。并且任何行任何列的和都相等，阶数 n 必须是大于等于 3 的标量
pascal（m）	产生帕斯卡矩阵
diag（A）	获取矩阵的对角线元素，构成列向量
tril（A）	产生下三角矩阵
triu（A）	产生上三角矩阵

【例 3.2-3】 用 MATLAB 的指令创建矩阵示例。

【解】 在 M 文件编辑器中输入下列命令，并保存文件为 example32_3.m。

```
a1 = zeros(3,4)
a2 = ones(3,4)
a3 = eye(3)
a4 = rand(3,4)
a5 = randn(3,4)
a6 = randi(10,2,5)
a7 = randperm(8)
a9 = magic(3)
a10 = diag(a9)
a11 = tril(a9)
a12 = triu(a9)
```

运行 example32_3.m，结果为：

```
>>example32_3
a1 =
     0     0     0     0
     0     0     0     0
     0     0     0     0
a2 =
     1     1     1     1
```

```
        1    1    1    1
        1    1    1    1
a3 =
        1    0    0
        0    1    0
        0    0    1
a4 =
        0.1920    0.0938    0.8611    0.6714
        0.1389    0.5254    0.4849    0.7413
        0.6963    0.5303    0.3935    0.5201
a5 =
       -0.6086   -1.3429   -0.4189   -0.3001
       -1.2226   -1.0322   -0.1403    1.0294
        0.3165    1.3312    0.8998   -0.3451
a6 =
        7    5    4    3    9
        8    1    5    2    5
a7 =
        8    7    2    4    6    3    5    1
a9 =
        8    1    6
        3    5    7
        4    9    2
a10 =
        8
        5
        2
a11 =
        8    0    0
        3    5    0
        4    9    2
a12 =
        8    1    6
        0    5    7
        0    0    2
```

表 3-1 所列的 zeros（m，n）、ones（m，n）和 rand（m，n）、randn（m，n）和 randi（imax，m，n）函数，不但可以创建二维数据或矩阵，还可以创建多维数组。diag（A）、tril（A）和 triu（A）函数可以获取 A 矩阵的对角元素，创建 A 矩阵的下三角和上三角矩阵。

3.3　矩阵元素的访问

前面两节讲述了 MATLAB 向量和矩阵的创建，创建后的矩阵元素是按列存储在 MAT-

LAB 存储空间的。运行 3.2.3 节中的 example32_2. m 文件，产生例 3.2-1 中的 rad 矩阵。

```
>>example32_2
rad =
    0.1419    0.7922    0.0357    0.6787    0.3922
    0.4218    0.9595    0.8491    0.7577    0.6555
    0.9157    0.6557    0.9340    0.7431    0.1712
```

对于 rad 矩阵，MATLAB 的存储顺序是 0.1419，0.4218，0.9157，0.7922，0.9595，0.6777，0.0357……，MATLAB 可以用索引，也可以用下标来引用数组元素。关于索引和下标的区别，可以参考表 3-2。

表 3-2　矩阵的索引和下标

元　素	索　引	下　标
0.1419	1	(1, 1)
0.4218	2	(2, 1)
0.9157	3	(3, 1)
0.7922	4	(1, 2)
0.9595	5	(2, 2)
0.6557	6	(3, 2)
0.0357	7	(1, 3)
0.8491	8	(2, 3)
0.9340	9	(3, 3)
0.6787	10	(1, 4)
0.7577	11	(2, 4)
0.7431	12	(3, 4)
0.3922	13	(1, 4)
0.6555	14	(2, 4)
0.1712	15	(3, 4)

MATLAB 为每个元素分配了一个唯一识别的 ID，即为索引，表 3-2 的第二列是元素的索引。从表 3-2 可以看出数组元素是按照列索引的，例如 0.7922 的索引值为 4。

矩阵中的元素可以通过它的行、列下标来引用，即全下标的方式来引用。表 3-2 的第三列是用全下标的方式标识数组元素的，例如 0.7922 的全下标为 (1,2)，即在矩阵 1 行 2 列的位置。需要注意的是，MATLAB 的下标是可以多行、多列同时引用的，这和 C 语言每次只能引用一个是不同的。表 3-3 罗列了使用索引（单下标）或全下标访问矩阵的常用格式。

表 3-3　访问矩阵的常用格式

	矩阵元素的访问	说　明
全下标法	A (i, j)	访问矩阵 A 的第 i 行，第 j 列元素，其中 i，j 为标量
	A (i,:)	访问矩阵 A 的第 i 行的所有元素
	A (:, j)	访问矩阵 A 的第 j 列的所有元素
	A (I, J)	访问由向量 I 和 J 指定的矩阵 A 中的元素
单下标法	A (:)	访问矩阵 A 的所有元素，并按照列从左至右的次序，首尾相接而生成一个向量
	A (k)	使用索引访问矩阵中的第 k 个元素
	A (L)	访问由向量 L 指定的矩阵 A 的元素，向量 L 中的元素为矩阵元素的索引值

下面举例说明。

- 对于 3×5 的矩阵 rad，使用全下标方式引用，代码如下：

```
>> rad(3,4)
ans =
    0.7431
```

- 以下代码用于访问矩阵 rad 的第 2 行的所有元素：

```
>> rad(2,:)
ans =
0.4218    0.9595    0.8491    0.7577    0.6555
```

- 以下代码用于访问矩阵 rad 的第 2 列所有元素：

```
>> rad(:,2)
ans =
    0.7922
    0.9595
    0.6557
```

- 对于 3×5 的矩阵 rad，可以采用索引（也称为单下标）引用它的元素，代码如下，其中 rad(k) 是按列存储的第 k 个元素：

```
>> rad(5)
ans =
0.9595
```

- 以下代码用于访问由向量 L 为 [1 10 5 2 1 3] 指定的矩阵 rad 的元素（L 是索引组成的行向量）：

```
>> rad([1 10 5 2 1 3])
ans =
    0.1419    0.6787    0.9595    0.4218    0.1419    0.9157
```

- 如果试图引用的下标超出矩阵的下标范围，则系统会给出出错信息，具体代码如下：

```
>> rad(20)
??? Index exceeds matrix dimensions.
```

- 对矩阵 rad(i,j)，如果将一个值赋给矩阵外的元素，MATLAB 会自动增加矩阵的大小，以容纳这个新元素，而相应增加其他元素，且都被赋值为 0。具体代码如下：

```
>> rad(1,6) = 20
rad =
    0.1419    0.7922    0.0357    0.6787    0.3922   20.0000
    0.4218    0.9595    0.8491    0.7577    0.6555         0
    0.9157    0.6557    0.9340    0.7431    0.1712         0
```

- 以下代码用于引用数组中的 2 ~ 3 行，3 ~ 1 列对应的元素：

```
>> rad(2:3,3:-1:1)
ans =
    0.8491    0.9595    0.4218
    0.9340    0.6557    0.9157
```

- 以下代码用于引用最后一列元素（":"表示所有行；"end"表示最后一列；"end - n"表示倒数第 n + 1 列）：

```
>> rad(:,end)
ans =
    0.3922
    0.6555
    0.1712
```

- 以下代码用于引用第 1 行倒数第 2 个元素：

```
>> rad(1,end - 1)
ans =
    0.6787
```

- 以下代码用于创建两个向量，即 rad 中的第 2,1,3,3 行，第 1,1,2,2,4,5 列的元素来引用指定的元素（可以重复访问向量中的元素）：

```
>> rad([2 1 3 3],[1 1 2 2 4 5])
ans =
    0.4218    0.4218    0.9595    0.9595    0.7577    0.6555
    0.1419    0.1419    0.7922    0.7922    0.6787    0.3922
    0.9157    0.9157    0.6557    0.6557    0.7431    0.1712
    0.9157    0.9157    0.6557    0.6557    0.7431    0.1712
```

3.4　矩阵和数组元素的运算

3.4.1　基本数学运算函数及获取矩阵信息的基本操作函数

MATLAB 基本数学运算函数有三角函数、指数运算函数、复数运算函数、圆整和求余函数，分别如表 3-4 ～表 3-7 所示。这些函数在处理参数时，都是按照数组运算规则来进行的。

在 MATLAB 中还存在一类函数，用来获取矩阵或数组的信息，表 3-8 中列出了较常用的操作函数。在 MATLAB 中，获取基本运算函数，请使用 MATLAB 的在线帮助，在命令行窗口中输入：

```
>> help elfun
Elementary math functions.


Trigonometric.
    sin          - Sine.
    sind         - Sine of argument in degrees.
    ......
```

有关每个函数的具体调用格式，请参阅 MATLAB 的在线帮助文档。

表 3-4　三角函数

函数	说　明	函数	说　明	函数	说　明
sin( )	正弦函数	tan( )	正切函数	sec( )	正割函数
asin( )	反正弦函数	atan( )	反正切函数	asec( )	反正割函数
sinh( )	双曲正弦函数	tanh( )	双曲正切函数	sech( )	双曲正割函数
asinh( )	反双曲正弦函数	atanh( )	反双曲正切函数	asech( )	反双曲正割函数
cos( )	余弦函数	cot( )	余切函数	csc( )	余割函数
acos( )	反余弦函数	acot( )	反余切函数	acsc( )	反余割函数
cosh( )	双曲余弦函数	coth( )	双曲余切函数	csch( )	双曲余割函数
acosh( )	反双曲余弦函数	acoth( )	反双曲余切函数	acsch( )	反双曲余割函数

例如，在命令行窗口直接输入：

```
>> n = 3:6;
>> cos( pi. /n) + sec( pi. /n)
ans =
    2.5000    2.1213    2.0451    2.0207
>> tan(3. * n * 180. /pi)
ans =
    0.4718   - 0.4947   - 4.6665    1.2137
```

表 3-5　指数运算类函数

函　数	说　明	函　数	说　明
exp( )	指数函数	pow2( )	2 的幂函数
log( )	自然对数函数（以 e 为底）	realpow( )	实数幂运算函数
log10( )	常用对数函数	reallog( )	实数自然对数函数
log2( )	以 2 为底的对数函数	realsqurt( )	实数平方根函数
sqrt( )	平方根函数	nextpow2( )	求大于输入参数的第一个 2 的幂

以 real 开头的函数仅能处理实数。实数幂运算函数 realpow 函数的语法为：

$$Z = realpow(X, Y)$$

该语句用于将实数矩阵 X 中的每个元素对 Y 矩阵的相应元素做幂运算，其中 X、Y 矩阵尺寸相同。Z 矩阵为 realpow 的输出实数矩阵。

nextpow2 函数是用来计算仅仅比输入参数大的 2 的幂。例如输入参数为 m，函数的计算结果是整数 n，那么 n 需要满足的条件为：$2^n \geqslant abs(m) \geqslant 2^{(n-1)}$。

例如，在命令行窗口分别计算：

```
>> m = 4:2:8;
>> log(m)
ans =
    1.3863    1.7918    2.0794
>> reallog(5)
ans =
    1.6094
>> reallog(2 + i)          % reallog 处理复数,会报错
??? Error using ==> reallog
Reallog produced complex result.
>> log(2 + i)
ans =
    0.8047 + 0.4636i
>> k = [1,2;3,4];
>> log10(k)
ans =
         0    0.3010
    0.4771    0.6021
>> log2(5)
ans =
    2.3219
>> pow2(k)
ans =
    2     4
    8    16
```

【例 3.4-1】 实数幂运算函数 realpow 函数示例。

【解】　　>> X = -2 * ones(3,3)

```
X =
    -2    -2    -2
    -2    -2    -2
    -2    -2    -2
>> Y = pascal(3)
Y =
```

$$\begin{matrix} 1 & 1 & 1 \\ 1 & 2 & 3 \\ 1 & 3 & 6 \end{matrix}$$

\>\> realpow(X , Y)

ans =

$$\begin{matrix} -2 & -2 & -2 \\ -2 & 4 & -8 \\ -2 & -8 & 64 \end{matrix}$$

例 3.4-1 中,X 矩阵的 2 行 2 列的元素对 Y 矩阵相应元素做幂运算,同理类推,新创建的矩阵 ans 的 2 行 3 列、3 行 2 列、3 行 3 列元素分别为 $(-2)^3$、$(-2)^3$、$(-2)^6$。

【例 3.4-2】 计算第一个比 18 大的 2 的幂。

【解】 \>\> nextpow2(18)

ans =

5

表 3-6　复数运算函数

函　　数	说　　明	函　　数	说　　明
abs( )	求复数模,如参数为实数则求绝对值	conj( )	求复数的共轭复数
angle( )	求复数相角	complex( )	构造复数
real( )	求复数实部		

complex 函数语法为

$$z = complex(x,y)$$

该语句用于创建复数 z。其中,输入的 x,y 必须同为变量或是维数相同、数据类型相同的向量、矩阵及多维数组。输出的结果与输入的维数相同,返回值为 x + y * i。

y = complex(x)返回结果是实部为 x,所有虚部为 0 的复数,该语句等价于 y = complex(x,0)。

【例 3.4-3】 创建复数示例。

【解】 \>\> x = complex(22 ,54)

x =

22. 0000 + 54. 0000i

\>\> abs(x)

ans =

58. 3095

\>\> angle(x)　　　　　　% 单位为弧度

ans =

1. 1839

\>\> angle(x) * 180/pi　　　% 单位为度

ans =

67. 8337

```
>>conj(x)
ans =
    22.0000 - 54.0000i
>>x = complex(3:6,2:5)
x =
    3.0000 + 2.0000i   4.0000 + 3.0000i   5.0000 + 4.0000i   6.0000 + 5.0000i
```

angle 函数返回的角度单位是弧度。

表 3-7　圆整和求余函数

函　　数	说　　明	函　　数	说　　明
fix( )	向 0 取整的函数	round( )	向最近的整数取整的函数
floor( )	向 $-\infty$ 取整的函数	mod( )	求余函数
ceil( )	向 $+\infty$ 取整的函数	rem( )	求余数
sign( )	符号函数		

rem/mod(x,y)，当 x 与 y 具有相同符号时，两者相等；但是当两者符号不同，两者不相等，其调用格式为：

```
R = rem(x,y);      % 如果 y≠0,返回 x - n.*y,其中 n = fix(x./y)
M = mod(x,y);      % 如果 y≠0,返回 x - n.*y,其中 n = floor(x./y)
```

在命令行窗口中对表 3-7 的函数进行操作。

```
>>rem(11, -3)
ans =
     2
>>mod(11, -3)
ans =
    -1
>>m = [0.2875 0.9985 1.002];
>>floor(m)
ans =
     0     0     1
>>ceil(m)
ans =
     1     1     2
>>fix(m)
ans =
     0     0     1
>>round(m)
ans =
     0     1     1
>>X = [ -0.231 0 0.52];
>>sign(X)
```

```
ans =
    - 1    0    1
```

说明：符号函数 sign，对于矩阵 n 中的每一个元素进行 $sign(x) = x./abs(x)$ 操作。如果元素大于零，返回 1；如果元素等于零，返回零；如果元素小于零，返回 -1。

表 3-8　矩阵（数组）常用操作函数

函　数	说　明
size( )	获取矩阵的行列数，对于多维数组，获取数组的各个维尺寸
length ( )	获取向量长度，如输入参数为矩阵或多维数组，则返回各个维尺寸的最大值
ndims( )	获取矩阵或者多维数组的维数
numel( )	获取矩阵或者数组元素的个数
disp( )	显示矩阵或者字符串数组内容
cat( )	合并不同的矩阵或者数组
reshape( )	保持矩阵元素的个数不变，修改矩阵的行数和列数

说明：

cat 函数用来联结数组，其调用格式为：

```
cat(1,A,B,…);      % 联结数组形式为[A;B;…]，即按列联结
cat(2,A,B,…);      % 联结数组形式为[A,B,…]，即按行联结
cat(3,A,B,…);      % 按"页"的形式联结数组。其中 A 为第一页,B 为第二页(详见 3.5 节多维
                       数组的创建)
```

reshape 函数调用格式为：

```
B = reshape(A,m,n);      % 将矩阵 A 的元素返回到一个 m×n 的矩阵 B。如果 A 中没有 m×n 个
                             元素则返回一个错误
```

仍然运行 example32_2. m 文件，产生 rad 矩阵，并对 rad 矩阵进行表 3-8 中函数的操作。

```
>> size(rad)
ans =
    3    5
>> length(rad)
ans =
    5
>> ndims(rad)
ans =
    2
>> numel(rad)
ans =
    15
>> disp(rad)
    0.1419    0.7922    0.0357    0.6787    0.3922
```

| 0.4218 | 0.9595 | 0.8491 | 0.7577 | 0.6555 |
| 0.9157 | 0.6557 | 0.9340 | 0.7431 | 0.1712 |

```
>>A=[1 2;3 4];B=[5 6;7 8];
>>cat(1,A,B)              % 按列联结(列数要相同)
ans =
    1    2
    3    4
    5    6
    7    8
>>cat(2,A,B)              % 按行联结(行数要相同)
ans =
    1    2    5    6
    3    4    7    8
>>cat(3,A,B)              % 按页联结,A 为第一页,B 为第二页
ans(:,:,1) =
    1    2
    3    4
ans(:,:,2) =
    5    6
    7    8
>>reshape(rad,5,3)        % 将 rad 矩阵重新塑形为 5×3 矩阵
ans =
```

0.1419	0.6557	0.7577
0.4218	0.0357	0.7431
0.9157	0.8491	0.3922
0.7922	0.9340	0.6555
0.9595	0.6787	0.1712

3.4.2　矩阵和数组的基本运算

　　MATLAB 对数组和矩阵分别提供了运算方法——"矩阵算法"和"数组算法"。"矩阵算法"是把矩阵看作一个整体,各种运算完全按照线性代数中的矩阵运算法则进行,运算的书写形式和运算符号都与矩阵理论完全一致。"数组算法"就是把矩阵看作由其元素构成的"数组",运算是对应元素之间数与数的运算。这种算法适用于大批数据的处理和一次求出多个函数值的情况。

　　在 MATLAB 中获取矩阵(线性代数)的运算函数,请在 MATLAB 命令行窗口输入:

```
>>help matfun
Matrix functions – numerical linear algebra.

Matrix analysis.
    norm            – Matrix or vector norm.
    normest         – Estimate the matrix 2 – norm.
```

......

planerot	– Givens plane rotation.
cholupdate	– rank 1 update to Cholesky factorization.
qrupdate	– rank 1 update to QR factorization.

1. 矩阵的基本运算

表3-9列出了矩阵基本运算及对应的含义说明，其中假设 A、B 为矩阵，a 为标量。

表3-9　矩阵的基本运算

矩 阵 运 算	说　　明
A′	矩阵共轭转置
inv( )	方阵求逆，要求方阵行列式不为 0 才可求逆矩阵
A^n	矩阵求幂，n 可以为任意实数
A * B	矩阵相乘，要求 A 矩阵的列数必须与 B 矩阵行数相等
A ± B	矩阵加减法，要求 A 与 B 行数、列数必须相等
A/B	矩阵右除，相当于 A * inv(B)
A\B	矩阵左除，相当于 inv(A) * B
a ± A	标量与矩阵加减，运算意义为 a * one(size(a)) ± A，相当标量 a 与矩阵的每一个元素都进行了一次加减运算
a * A	标量与矩阵乘，运算意义为标量 a 与矩阵的每一个元素相乘
det( )	求方阵的行列式
rank( )	求矩阵的秩
eig( )	求矩阵的特征向量和特征值；E = eig(A)：求矩阵 A 的全部特征值，构成向量 E [V,D] = eig(A)求矩阵 A 的全部特征值，构成对角阵 D，并求 A 的特征向量构成 V 的列向量，A * V = V * D
conj( )	求矩阵的共轭矩阵
trace( )	求矩阵的迹，即矩阵对角元素之和
diag( )	矩阵对角元素的提取和创建对角阵。X = diag(v,k)，当 v 是一个含有 n 个元素的向量时，返回一个 n + abs(k) 阶方阵 X；向量 v 在矩阵 X 中的第 k 个对角线上，k = 0 表示主对角线，k > 0 表示在主对角线上方，k < 0 表示在主对角线下方

【例3.4-4】 求解方程组 $\begin{cases} -x + y + 2z = 2 \\ 3x - y - z = 6 \\ -x + 3y + 4z = 4 \end{cases}$

【解】 在数学上该方程可以写为：

$$A = \begin{bmatrix} -1 & 1 & 2 \\ 3 & -1 & -1 \\ -1 & 3 & 4 \end{bmatrix}, \quad B = \begin{bmatrix} 2 \\ 6 \\ 4 \end{bmatrix}$$

$$\begin{bmatrix} -1 & 1 & 2 \\ 3 & -1 & -1 \\ -1 & 3 & 4 \end{bmatrix} \begin{bmatrix} x \\ y \\ z \end{bmatrix} = \begin{bmatrix} 2 \\ 6 \\ 4 \end{bmatrix}$$

$$\begin{bmatrix} x \\ y \\ z \end{bmatrix} = \begin{bmatrix} -1 & 1 & 2 \\ 3 & -1 & -1 \\ -1 & 3 & 4 \end{bmatrix}^{(-1)} \begin{bmatrix} 2 \\ 6 \\ 4 \end{bmatrix}$$

在 M 文件编辑器中输入下列命令，并保存文件为 example34_4.m：

```
clear;
A = [ -1 1 2;3 -1 1; -1 3 4];
B = [2;6;4];
X1 = inv(A) * B
X2 = A\B
```

运行 example34_4.m。

```
X1 =
        1.0000
       -1.0000
        2.0000
X2 =
        1.0000
       -1.0000
        2.0000
```

说明：x1 与 x2 相同，A\B 相当于矩阵方程 $AX = B$ 的解，即 inv(A) * B。而 A/B 相当于矩阵方程 $XB = A$ 的解，即 A * inv(B)。

【例 3.4-5】 矩阵 $A = \begin{bmatrix} 2i & 3+i & 4 \\ 2+6i & 3 & 4+2i \\ 5 & 6 & 9+4i \end{bmatrix}$，求 A 的共轭转置矩阵、共轭矩阵、A^2、

$3 + A$、A 的行列式、A 的逆矩阵、A 的特征值。并创建 $v = [1, 2, 3]$ 的对角矩阵。

【解】 在 M 文件编辑器中输入下列命令，并保存文件为 example34_5.m：

```
clear;
A = [2i,3 + i,4;2 + 6i,3,4 + 2i;5,6,9 + 4i]
b = A'              %求转置矩阵
c = conj(A)         %求共轭矩阵
d = A^2             %求幂
e = 3 + A           %与标量加
f = det(A)          %求矩阵的行列式。行列式不为 0,可以求出逆矩阵
g = inv(A)          %求逆矩阵
h = eig(A)          %求矩阵 A 的全部特征值构成矩阵 h
v = [1 2 3];
x = diag(v,3)       %创建对角矩阵,对角元素为 v 向量,返回 3 + 3 阶方阵 X
y = diag(v)         %向量 v 为主对角线元素
```

运行 example34_5.m，结果为：

```
A =
```

$$0 + 2.0000i \quad 3.0000 + 1.0000i \quad 4.0000$$
$$2.0000 + 6.0000i \quad 3.0000 \quad\quad 4.0000 + 2.0000i$$
$$5.0000 \quad 6.0000 \quad\quad 9.0000 + 4.0000i$$

b =

$$0 - 2.0000i \quad 2.0000 - 6.0000i \quad 5.0000$$
$$3.0000 - 1.0000i \quad 3.0000 \quad\quad 6.0000$$
$$4.0000 \quad 4.0000 - 2.0000i \quad 9.0000 - 4.0000i$$

c =

$$0 - 2.0000i \quad 3.0000 - 1.0000i \quad 4.0000$$
$$2.0000 - 6.0000i \quad 3.0000 \quad\quad 4.0000 - 2.0000i$$
$$5.0000 \quad 6.0000 \quad\quad 9.0000 - 4.0000i$$

d =

1.0e +002 ＊

$$0.1600 + 0.2000i \quad 0.3100 + 0.0900i \quad 0.4600 + 0.3400i$$
$$0.1400 + 0.3200i \quad 0.3300 + 0.3200i \quad 0.4800 + 0.6400i$$
$$0.5700 + 0.6600i \quad 0.8700 + 0.2900i \quad 1.0900 + 0.8400i$$

e =

$$3.0000 + 2.0000i \quad 6.0000 + 1.0000i \quad 7.0000$$
$$5.0000 + 6.0000i \quad 6.0000 \quad\quad 7.0000 + 2.0000i$$
$$8.0000 \quad 9.0000 \quad\quad 12.0000 + 4.0000i$$

f =

$$1.1800e + 002 + 2.0000e + 001i$$

g =

$$0.0247 - 0.0042i \quad -0.0211 - 0.1744i \quad -0.0025 + 0.0852i$$
$$0.1416 - 0.4647i \quad -0.2055 + 0.1874i \quad 0.1212 + 0.1151i$$
$$0.0256 + 0.3008i \quad 0.1138 - 0.0786i \quad -0.0195 - 0.1153i$$

h =

$$13.9778 + 4.9197i$$
$$-0.9328 + 3.2377i$$
$$-1.0449 - 2.1574i$$

x =

0	0	0	1	0	0
0	0	0	0	2	0
0	0	0	0	0	3
0	0	0	0	0	0
0	0	0	0	0	0
0	0	0	0	0	0

y =

1	0	0
0	2	0
0	0	3

2. 矩阵的分解

矩阵分解是将一个矩阵分解为几个"较简单"矩阵的连乘积的形式。表 3-10 给出了 4

种矩阵分解的函数。

表 3-10　矩阵分解函数

函　　数	功 能 描 述
chol( )	Cholesky 分解
lu( )	LU 分解
svd( )	奇异值分解
qr( )	正交三角分解

（1）对称正定矩阵的 Cholesky 分解

R = chol(X)；　　% 对称正定矩阵的 Cholesky 分解,其中 X 为对称正定矩阵

Cholesky 分解是把一个对称正定矩阵 X 分解为一个上三角矩阵 R 与其转置的乘积，即 $X = R' * R$。一个对称矩阵能够进行 Cholesky 分解的条件是矩阵是正定的，即矩阵所有对角元素都是正数，同时矩阵非对角元素不会太大。

例如 x = pascal(4)，对其进行 Cholesky 分解：

```
>> x = pascal( 4 )
x =
    1    1    1    1
    1    2    3    4
    1    3    6   10
    1    4   10   20
>> R = chol( x )          % Cholesky 分解
R =
    1    1    1    1
    0    1    2    3
    0    0    1    3
    0    0    0    1
>> R' * R                 % 验证
ans =
    1    1    1    1
    1    2    3    4
    1    3    6   10
    1    4   10   20
```

（2）LU 分解

[L,U] = lu(A)

A 为一个方阵，L 为"心里"下三角矩阵，U 为上三角矩阵。LU 分解是将任意一个方阵分解为一个"心里"下三角矩阵 L 与一个上三角矩阵 U 的乘积，即 A = L * U。"心里"下三角矩阵是下三角矩阵与置换矩阵的乘积。

[L,U,P] = lu(A)

A 为一个方阵，L 为下三角矩阵，U 为上三角矩阵，P 为置换矩阵。满足 P * A = L * U 的关系。

在命令行窗口输入 A，并进行 LU 分解：

```
>>A = [1 2 3;2 5 2;3 1 5]
A =
     1     2     3
     2     5     2
     3     1     5
>>[l,u] = lu(A)                % l 存储心里下三角矩阵,u 存储上三角矩阵
l =
    0.3333    0.3846    1.0000
    0.6667    1.0000         0
    1.0000         0         0
u =
    3.0000    1.0000    5.0000
         0    4.3333   -1.3333
         0         0    1.8462
>>[L,U,P] = lu(A)              % L 为下三角矩阵,U 为上三角矩阵,P 为置换矩阵
L =
    1.0000         0         0
    0.6667    1.0000         0
    0.3333    0.3846    1.0000
U =
    3.0000    1.0000    5.0000
         0    4.3333   -1.3333
         0         0    1.8462
P =
     0     0     1
     0     1     0
     1     0     0
```

（3）矩阵奇异值分解

$$[U,S,V] = svd(A)$$

对于 $m \times n$ 的矩阵 A，如果存在 $m \times m$ 的酉矩阵 U 和 $n \times n$ 的酉矩阵 V（酉矩阵即为满足 $X'X = XX' = E$，X' 为 X 的共轭转置矩阵），使得 $A = U * S * V$，其中 S 为一个 $m \times n$ 的矩阵的非负对角矩阵，且对角元素值降序排列，则 $A = U * S * V$ 为 A 的奇异值分解。U、S、V 称为矩阵 A 的奇异值分解的三对组。

在命令行窗口输入 A，并进行奇异值分解：

```
>>A = [1 2 3;2 5 2;3 1 5]
A =
     1     2     3
```

$$
\begin{array}{ccc}
2 & 5 & 2 \\
3 & 1 & 5
\end{array}
$$

$>>[u,s,v] = svd(A)$

u =

$$
\begin{array}{ccc}
-0.4437 & 0.0476 & -0.8949 \\
-0.6139 & -0.7436 & 0.2648 \\
-0.6529 & 0.6669 & 0.3592
\end{array}
$$

s =

$$
\begin{array}{ccc}
8.2667 & 0 & 0 \\
0 & 3.6074 & 0 \\
0 & 0 & 0.8048
\end{array}
$$

v =

$$
\begin{array}{ccc}
-0.4391 & 0.1555 & 0.8849 \\
-0.5576 & -0.8194 & -0.1327 \\
-0.7044 & 0.5517 & -0.4466
\end{array}
$$

（4）正交三角分解

$[Q,R] = qr(A)$

其中 R 为与矩阵 A 具有相同大小的上三角矩阵，Q 为正交矩阵。

矩阵的正交分解是把一个 $m \times n$ 的矩阵 A 分解为一个正交矩阵 Q 和一个上三角矩阵 R 的乘积，即 $A = Q * R$。因此矩阵的正交分解也称为 QR 分解。

在命令行窗口输入 A，并进行正交分解：

$>>[Q,R] = qr(A)$

Q =

$$
\begin{array}{ccc}
0.2673 & 0.2488 & 0.9309 \\
0.5345 & 0.7656 & -0.3581 \\
0.8018 & -0.5933 & -0.0716
\end{array}
$$

R =

$$
\begin{array}{ccc}
3.7417 & 4.0089 & 5.8797 \\
0 & 3.7321 & -0.6890 \\
0 & 0 & 1.7187
\end{array}
$$

3. 非线性矩阵运算函数

表 3-11 提供了 MATLAB 三个常用的非线性矩阵运算的函数指令。注意 expm（）、logm（）、sqrtm（）和 exp（）、log（）、sqrt（）的区别，前三个是针对矩阵，按矩阵运算规则进行运算，而后三个是按数组规则进行运算的。

表 3-11　非线性矩阵运算函数及说明

函　数　名	功　　　能
expm（）	矩阵指数运算
logm（）	矩阵对数运算
sqrtm（）	矩阵开平方运算

（1）矩阵指数运算

如果矩阵 X 的特征向量为 V，相应的特征值为 D，即 $[V,D] = \mathrm{eig}(X)$，那么矩阵的指数运算为

$$\mathrm{expm}(X) = V * \mathrm{diag}(\exp(\mathrm{diag}(D)))/V$$

计算矩阵 A 的指数：

```
>>A = [1 1 0;0 0 2;0 0 -1]
A =
    1    1    0
    0    0    2
    0    0   -1
>>[v,d] = eig(A)
v =
    1.0000   -0.7071    0.4082
         0    0.7071   -0.8165
         0         0    0.4082
d =
    1   0    0
    0   0    0
    0   0   -1
>>diag(d)
ans =
    1
    0
   -1
>>v * diag(exp(diag(d)))/v          % expm(A)的算法
ans =
    2.7183    1.7183    1.0862
         0    1.0000    1.2642
         0         0    0.3679
>>expm(A)                           % expm(A)直接计算,从而验证上述算法
ans =
    2.7183    1.7183    1.0862
         0    1.0000    1.2642
         0         0    0.3679
>>exp(A)                            % 将 A 视为数组,对数组中的每一个元素进行指数运算
ans =
    2.7183    2.7183    1.0000
    1.0000    1.0000    7.3891
    1.0000    1.0000    0.3679
```

从结果可以看出，$\mathrm{expm}(A)$ 与 $\exp(A)$ 是不同的。

（2）矩阵对数运算

矩阵对数运算是矩阵指数运算的逆运算，即 $\mathrm{logm}(\mathrm{expm}(A)) = A = \mathrm{expm}(\mathrm{logm}(A))$。例如对 $\mathrm{expm}(A)$ 矩阵进行对数运算：

```
>>A = [1 1 0;0 0 2;0 0 -1];
>>B = expm(A)
B =
    2.7183    1.7183    1.0862
         0    1.0000    1.2642
         0         0    0.3679
>>C = logm(B)
C =
    1.0000    1.0000    0.0000
         0         0    2.0000
         0         0   -1.0000
```

（3）矩阵开平方运算

对矩阵 A 开平方得到矩阵 X，满足 $X*X = A$。当矩阵 A 特征值的实部为负数时，X 为复数矩阵。如果矩阵 A 是奇异矩阵（A 为方阵，如果方阵的行列式 $|A|$ 等于 0，称矩阵 A 为奇异矩阵；若不等于 0，称矩阵 A 为非奇异矩阵），则 X 可能不存在。

例如求正定矩阵 $A = [5, -4, 2; 3, 6, -4; 1, -4, 6]$ 的平方根矩阵 X，并验证 $X*X = A$。在命令行窗口输入：

```
>>A = [5, -4,2;3,6, -4;1, -4,6]
A =
    5    -4     2
    3     6    -4
    1    -4     6
>>det(A)
ans =
  152.0000
>>X = sqrtm(A)
X =
    2.3362   -0.7948    0.2795
    0.6943    2.4170   -0.8930
    0.3362   -0.7948    2.2795
>>X*X
ans =
    5.0000   -4.0000    2.0000
    3.0000    6.0000   -4.0000
    1.0000   -4.0000    6.0000
```

4. 数组的基本运算

在 MATLAB 中，"数组加减"与"矩阵加减"即 $A \pm B$ 的定义完全相同，所以运算符号不用区分。而"数组乘除"与"矩阵乘除"运算算法定义完全不同，因此使用符号也不相同。数组算法的乘除法是在矩阵乘除符号前加一个小黑点（英文句号）。表 3-12 列出了数组运算及对应的含义说明，其中假设 A、B 为数组。

表 3-12　数组的四则运算及说明

数组运算符	说　　明
A.＊B	数组乘法，A 与 B 各对应元素相乘
A./B 或 B.\A	数组除法，A 中各元素除以 B 中对应元素
A.′	数组转置，是非共轭转置
A.^n	数组求幂，n 可以为任意实数

【例 3.4-6】 $A = \begin{bmatrix} 1 & 3 \\ 2 & 1 \end{bmatrix}$，$B = \begin{bmatrix} -1 & 2 \\ 2 & 3 \end{bmatrix}$，求 $A.＊B$、$A＊B$、$A./B$、$A.\backslash B$、A/B、$A\backslash B$、$A.^2$。

【解】　>>A = [1,3;2,1];B = [-1,2;2,3];

```
>>c = A.＊B
c =
    -1    6
     4    3
>>d = A＊B              %c,d 结果不同,c 为数组运算结果,d 为矩阵运算结果
d =
     5   11
     0    7
>>e = A./B             %A 元素除以 B 的对应元素
e =
   -1.0000   1.5000
    1.0000   0.3333
>>f = A.\B             %B 除以 A 的对应元素
f =
   -1.0000   0.6667
    1.0000   3.0000
>>g = A/B              %矩阵除法,A＊inv(B)
g =
    0.4286   0.7143
   -0.5714   0.7143
>>h = A\B              %矩阵除法,B＊inv(A)
h =
    1.4000   1.4000
   -0.8000   0.2000
>>i = A.^2            %数组求幂,求每个元素对应的平方
i =
     1    9
     4    1
```

从例 3.4-4 可以看出，A. ∗ B 和 A ∗ B 结果是不同的。也就是说，按照数组运算和按照矩阵运算算法不相同，矩阵运算规则是按照线性代数中的运算规则进行。A. /B 和 A/B，以及 A. \B 和 A\B 结果也是不同的。

【例 3.4-7】 x 从 1 到 4 每次增加 1，$a = 0.5$ 时计算表达式：$y = \sqrt{\left| e^{(\pi x)} - \dfrac{\sin(x)}{\cosh(\alpha)} - \ln^{(x+a)} \right|}$ 的值。

【解】　>> a = 0.5；

>> x = 1:4；
>> y = sqrt(abs(exp(- pi. ∗ x) - sin(x)/cosh(a) - log(x + a)))
y =
　　　1.0528　　　1.3118　　　1.1738　　　0.9126

【例 3.4-8】 两个半径分别为 R 和 r 的滑轮，中心距为 S，在滑轮间传动的皮带长度 L 可由公式给出：$L = 2S\cos\theta + \pi(r + R) + 2\theta(R - r)$，其中，$\theta = \sin^{(-1)}\left(\dfrac{R - r}{S}\right)$。

当 $R = 30$ cm，$r = 12$ cm 时，求 S 分别为 49 cm 和 50 cm 时 L 的值。

【解】　>> R = 30；r = 12；

>> S = 49:50；
>> theta = (sin((R - r). /S)). ^(- 1)
theta =
2.7844　　　2.8387
>> L = 2. ∗ S. ∗ cos(theta) + pi ∗ (r + R) + 2. ∗ theta ∗ (R - r)
L =
　　140.3709　　　138.6923

3.5　多维数组

在 MATLAB 中，数组的维数可以超过二维。所谓多维数组，就是用全下标表示元素时，下标超过两个的数组。人们习惯上把二维数组的第一维称为"行"，第二维称为"列"，第三维则称为"页"。如果二维数组可以看成"矩形面"，那么三维数组可以看成"长方体"。对于三维数组的每一页上的数组必须具有同样的行列数。即不论哪一页上的二维数组——行、列都应该是同样大小的；无论哪一行上的二维数组——列、页应该是同样大小的；无论哪一列上的二维数组——行、页也应该是同样大小的，否则就不可能是"长方体"的三维数组。为了访问多维数组的第 4 页的第 2 行、第 3 列，采用下标的形式为(2,3,4)，即行、列、页的顺序。本节多维数组，主要以三维数组为例进行讲述。

3.5.1　多维数组的创建

1. 使用直接赋值法创建多维数组

使用直接赋值法创建多维数组，可以先创建一个二维数组，然后将它扩展到多维。具体方法结合例 3.5-1 讲述。

【例 3.5-1】 创建一个多维数组示例。

【解】 首先创建一个简单的二维数组 a：$a = [1,3,5;2,4,6;8,9,10]$。其中，a 是一个 3×3 数组，它有 3 行和 3 列。采用如下指令给 a 增加一个"第 2 页"：$a(:,:,2) = [1,5,7;4,8,9;5,3,2]$。

- 直接输入一个数组填充数组的一维：

```
>>a = [1,3,5;2,4,6;8,9,10];
>>a(:,:,2) = [1,5,7;4,8,9;5,3,2]    %输入数组,扩充一维。
a(:,:,1) =
    1    3    5
    2    4    6
    8    9   10
a(:,:,2) =
    1    5    7
    4    8    9
    5    3    2
```

- 利用 MATLAB 标量扩展的能力，以及冒号运算符，可以用一个数填充数组的一维：

```
>>a(:,:,3) = 5                %输入一个数,扩充一维
a(:,:,1) =
    1    3    5
    2    4    6
    8    9   10
a(:,:,2) =
    1    5    7
    4    8    9
    5    3    2
a(:,:,3) =
    5    5    5
    5    5    5
    5    5    5
```

- 利用单个下标，可以给三维数组的某一个元素赋值，同时也增加一维：

```
>>a(2,3,4) = 1                %给三维数组的某一个元素赋值,扩充一维
a(:,:,1) =
    1    3    5
    2    4    6
    8    9   10
a(:,:,2) =
    1    5    7
    4    8    9
    5    3    2
a(:,:,3) =
    5    5    5
    5    5    5
```

```
     5    5    5
a( : , : ,4) =
     0    0    0
     0    0    1
     0    0    0
```

2. 由低维数组合成多维数组

【例 3.5-2】由低维数组合成一个四维数组。

【解】在命令行窗口输入：

```
>> b = randn(2,3);b( : , : ,2) = ones(2,3);b( : , : ,3) = rand(2,3);b( : , : ,4) = zeros(2,3)
b( : , : ,1) =
       0.8884    -1.0689    -2.9443
      -1.1471    -0.8095     1.4384
b( : , : ,2) =
       1    1    1
       1    1    1
b( : , : ,3) =
      0.8147    0.1270    0.6324
      0.9058    0.9134    0.0975
b( : , : ,4) =
       0    0    0
       0    0    0
```

3. 利用函数创建多维数组

可以利用 MATLAB 的函数，如 randn、ones、zeros 等函数创建多维数组，其用法和创建二维数组相同。具体仍可参看表 3-1：经典矩阵（或数组）创建函数。

4. 借用 cat 函数创建多维数组

cat 函数的语法为：

```
B = cat( dim,A1,A2,A3⋯)
```

其中，A1，A2，A3⋯是需要连接的矩阵；dim 是连接多维数组的维数。

【例 3.5-3】利用 cat 函数构造一个四维数组。

【解】在命令行窗口输入：

```
>> A1 = ones(2,3);
>> A2 = rand(2,3);
>> A3 = randn(2,3);
>> A4 = zeros(2,3);
>> A = cat(4,A1,A2,A3,A4)
A( : , : ,1,1) =
     1    1    1
     1    1    1
A( : , : ,1,2) =
```

```
        0. 8147      0. 1270      0. 6324
        0. 9058      0. 9134      0. 0975
A( :,:,1,3) =
       - 0. 4336      3. 5784     - 1. 3499
         0. 3426      2. 7694       3. 0349
A( :,:,1,4) =
        0     0     0
        0     0     0
```

需要说明的是，多维数组可以在数组编辑器中看到，但是不能编辑。在数组编辑器中打开例 3.5-3 创建的三维数组 A：

> > openvar A

得到数组编辑器中的元素如图 3-6 所示。

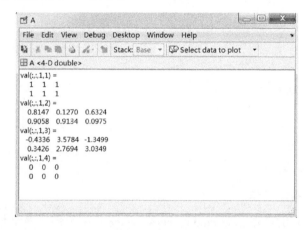

图 3-6   在数据编辑器中查看多维数组

5. 多维数组的索引与全下标转换

- sub2ind 函数能够实现全下标向索引的转换，语法为：

    sub2ind(arraySize,dim1Sub,dim2Sub,dim3Sub,…);

其中，arraySize 为矩阵的尺寸；dim1Sub，dim2Sub，dim3Sub，… 为全下标的行、列、页…

对例 3.5-3 中的 A 数组全下标转换为索引：

> > sub2ind(size(A) ,2,3,2)

    ans =

        12

- ind2sub 函数能够实现索引向全下标的转换，语法为：

    [I1,I2,I3,… ,In] = ind2sub(arraySize,ind);

其中，ind 为索引；[I1,I2,I3,… ,In]分别为行、列、页…

得到上面的 A 数组索引为 12 的元素的全下标命令如下：

```
>> [ l,m,n] = ind2sub( size( A) ,12)
l =
    2
m =
    3
n =
    2
```

3.5.2　多维数组的操作

在 MATLAB 中，有一组函数专门用于操作多维数组。本节通过实例介绍多维数组的维度重排的 permute 函数和 ipermute 函数，以及数组降维操作函数 squeeze。

* permute 函数的语法格式为：

    B = permute(A,order) ;

该语句用于按照向量 order 指定的顺序重排 A 的各维，B 中元素和 A 中元素完全相同。order 是一个由 1，2，3 表示维度序号的行向量（相当于三维坐标的 x，y，z），order 用于确定数组 A 的各维的新顺序，其中 1 对应行（相当于 x），2 对应列（相当于 y），3 对应页（相当于 z），order 向量各元素的位置对应 B 数组的维度号。维度重新排序后相当于在三维坐标中把三个坐标的位置互换，由于经过重新排列，在 A、B 访问同一个元素时使用的下标就不相同了。

* ipermute 函数的语法格式为：

    A = ipermute(B,order) ;

ipermute 函数为 permute 函数的逆运算。

【例 3.5-4】产生一个 $4 \times 3 \times 5$ 的随机矩阵，并按照向量[3,2,1]的顺序进行重排。

【解】在命令行窗口输入：

```
>> a = rand(4,3,5)              % a 为 4 × 3 × 5 的矩阵
a( :,:,1) =
    0.8147    0.6324    0.9575
    0.9058    0.0975    0.9649
    0.1270    0.2785    0.1576
    0.9134    0.5469    0.9706
a( :,:,2) =
    0.9572    0.4218    0.6557
    0.4854    0.9157    0.0357
    0.8003    0.7922    0.8491
    0.1419    0.9595    0.9340
a( :,:,3) =
    0.6787    0.6555    0.2769
    0.7577    0.1712    0.0462
    0.7431    0.7060    0.0971
```

```
        0.3922      0.0318      0.8235
a(:,:,4) =
        0.6948      0.4387      0.1869
        0.3171      0.3816      0.4898
        0.9502      0.7655      0.4456
        0.0344      0.7952      0.6463
a(:,:,5) =
        0.7094      0.6551      0.9597
        0.7547      0.1626      0.3404
        0.2760      0.1190      0.5853
        0.6797      0.4984      0.2238
>> b = permute(a,[3,2,1])        %a 进行维度重排,变为 5×3×4 的 b 矩阵
b(:,:,1) =
        0.8147      0.6324      0.9575
        0.9572      0.4218      0.6557
        0.6787      0.6555      0.2769
        0.6948      0.4387      0.1869
        0.7094      0.6551      0.9597
b(:,:,2) =
        0.9058      0.0975      0.9649
        0.4854      0.9157      0.0357
        0.7577      0.1712      0.0462
        0.3171      0.3816      0.4898
        0.7547      0.1626      0.3404
b(:,:,3) =
        0.1270      0.2785      0.1576
        0.8003      0.7922      0.8491
        0.7431      0.7060      0.0971
        0.9502      0.7655      0.4456
        0.2760      0.1190      0.5853
b(:,:,4) =
        0.9134      0.5469      0.9706
        0.1419      0.9595      0.9340
        0.3922      0.0318      0.8235
        0.0344      0.7952      0.6463
    0.6797      0.4984      0.2238
>> aa = ipermute(b,[3,2,1]) % 由于维度顺序仍然为[3,2,1],所以逆操作后仍为 4×3×5 的矩
阵,aa = a
aa(:,:,1) =
        0.8147      0.6324      0.9575
        0.9058      0.0975      0.9649
        0.1270      0.2785      0.1576
        0.9134      0.5469      0.9706
```

```
aa( : , : ,2) =
    0.9572    0.4218    0.6557
    0.4854    0.9157    0.0357
    0.8003    0.7922    0.8491
    0.1419    0.9595    0.9340
aa( : , : ,3) =
    0.6787    0.6555    0.2769
    0.7577    0.1712    0.0462
    0.7431    0.7060    0.0971
    0.3922    0.0318    0.8235
aa( : , : ,4) =
    0.6948    0.4387    0.1869
    0.3171    0.3816    0.4898
    0.9502    0.7655    0.4456
    0.0344    0.7952    0.6463
aa( : , : ,5) =
    0.7094    0.6551    0.9597
    0.7547    0.1626    0.3404
    0.2760    0.1190    0.5853
    0.6797    0.4984    0.2238
```

● squeeze 函数的作用是将多维数组中尺寸为 1 的页删除，而保持元素相对位置不变，以缩减多维数组的维数。当所在维的元素数目为 1，即维度长为 1 时，也叫孤维。

【例 3.5-5】squeeze 函数使用示例。

【解】在命令行窗口输入：

```
>>c = rand(1,2,1,3);
>>d = size(c)
d =
    1    2    1    3
>>e = squeeze(c);
>>f = size(e)
f =
    3
```

3.6　稀疏矩阵

用户在工作中可能会遇到一类矩阵，该矩阵中数值为 0 的元素特别多，这类矩阵称为稀疏矩阵。MATLAB 对矩阵或数组有两种存储方式：一种是全元素存储，另一种为稀疏存储。对于全元素存储，MATLAB 将会为每一个元素分配相同的存储空间，0 会与其他元素一样占用内存空间；当 0 元素特别多时，会占用相当可观的内存空间，因此 MATLAB 支持稀疏矩阵和稀疏存储，即仅存储矩阵所有的非零元素的值及其位置，即行号和列号。

例如矩阵 $A = \begin{bmatrix} 1 & 0 & 0 \\ 0 & 0 & 2 \\ 0 & 0 & 0 \end{bmatrix}$ 具有稀疏矩阵特征，采用全元素存储方式时会按列存储全部 9 个

元素 1, 0, 0, 0, 0, 0, 0, 2, 0。A 矩阵的稀疏存储方式如下："(1,1) 1，(2,3) 2"，括号内为元素的行列位置，后面为元素值。当矩阵非常"稀疏"时，采用稀疏存储方式会有效地节省存储空间和计算时间。

3.6.1 稀疏矩阵的创建

全元素矩阵经过运算后仍然是全元素存储的，稀疏矩阵不会自动产生，而是要经过专门的定义和运算。稀疏矩阵的建立需要由用户决定，用户需要判断矩阵中是否存在大量的 0，是否需要采用稀疏存储技术。

1. 完全存储方式与稀疏存储方式转换

sparse 函数可以将一个全元素存储矩阵转换为稀疏矩阵存储。其调用格式为：

    A = sparse(S);

该语句用于将 S 矩阵转换为稀疏矩阵 A。矩阵不是太大，可以使用 full 函数将稀疏存储转换为全元素存储，其调用格式为：

    S = full(A);

该语句用于返回和稀疏存储方式 A 对应的完全存储方式。

【例 3.6-1】完全存储方式与稀疏存储方式转换示例。

【解】在命令行窗口输入：

```
>> S = eye(5)
S =
     1     0     0     0     0
     0     1     0     0     0
     0     0     1     0     0
     0     0     0     1     0
     0     0     0     0     1
>> A = sparse(S)
A =
   (1,1)        1
   (2,2)        1
   (3,3)        1
   (4,4)        1
   (5,5)        1
>> SS = full(A)
SS =
     1     0     0     0     0
     0     1     0     0     0
```

$$\begin{matrix} 0 & 0 & 1 & 0 & 0 \\ 0 & 0 & 0 & 1 & 0 \\ 0 & 0 & 0 & 0 & 1 \end{matrix}$$

2. 直接创建稀疏矩阵

Sparse 函数还可以直接建立稀疏矩阵，其调用格式为：

　　sparse(m,n)；

该语句用于产生 m×n 的所有元素都为 0 的稀疏矩阵。还有一种"三元素"法创建稀疏矩阵，该方法由 3 个向量组成，第一个向量为 s 是由矩阵中非零元素组成的向量；第二个向量为非零元素的行序号；第三个向量是非零元素列序号。调用格式如下：

　　sparse(ir,jc,s,m,n)；

其中，s 为建立系数矩阵的非零元素，ir，jc 分别为 s(i) 的行和列下标；s、ir、jc 为等长向量，m 为创建矩阵的行数，n 为创建矩阵的列数，m 和 n 也可以缺省。

【例 3.6-2】创建稀疏矩阵 $S = \begin{bmatrix} 8 & 0 & 0 & 2 & 0 & 9 \\ 0 & 7 & 3 & 0 & 0 & 0 \\ 0 & 0 & 0 & 5 & 0 & 0 \\ 0 & 0 & 0 & 0 & 0 & 0 \\ 6 & 0 & 0 & 0 & 0 & 0 \\ 0 & 0 & 8 & 0 & 0 & 0 \end{bmatrix}$

【解】在命令行窗口输入：

```
>> data = [ 8 6 7 3 8 2 5 9 ];
>> ir = [ 1 5 2 2 6 1 3 1 ];
>> jc = [ 1 1 2 3 3 4 4 6 ];
>> S = sparse( ir,jc,data,6,6)
S =
   (1,1)        8
   (5,1)        6
   (2,2)        7
   (2,3)        3
   (6,3)        8
   (1,4)        2
   (3,4)        5
   (1,6)        9
>> A = full( S)
A =
     8     0     0     2     0     9
     0     7     3     0     0     0
     0     0     0     5     0     0
     0     0     0     0     0     0
```

```
   6   0   0   0   0   0
   0   0   8   0   0   0
>> whos
   Name   Size   Bytes   Class    Attributes
   A      6x6    288     double
   S      6x6    124     double   sparse
```

说明：稀疏矩阵和完全存储矩阵直接可以直接进行运算。

3. 稀疏矩阵创建函数

在 MATLAB 命令行窗口中键入 help sparfun，可以得到稀疏矩阵函数列表。表 3-13 列出了前几个简单特殊稀疏矩阵的创建函数。表 3-14 列出了查看稀疏矩阵非零值信息的函数。

```
>> help sparfun
Sparse matrices.

Elementary sparse matrices.
speye           – Sparse identity matrix.
sprand          – Sparse uniformly distributed random matrix.
sprandn         – Sparse normally distributed random matrix.
sprandsym       – Sparse random symmetric matrix.
spdiags  – Sparse matrix formed from diagonals.

Full to sparse conversion.
   sparse       – Create sparse matrix.
   full         – Convert sparse matrix to full matrix.
   find         – Find indices of nonzero elements.
   spconvert    – Import from sparse matrix external format.

Working with sparse matrices.
nnz             – Number of nonzero matrix elements.
nonzeros        – Nonzero matrix elements.
nzmax           – Amount of storage allocated for nonzero matrix elements.
spones          – Replace nonzero sparse matrix elements with ones.
spalloc         – Allocate space for sparse matrix.
issparse        – True for sparse matrix.
spfun           – Apply function to nonzero matrix elements.
   spy          – Visualize sparsity pattern.
   ……
```

表 3-13   特殊稀疏矩阵创建函数

函 数 名	功 能
speye( )	创建单位稀疏矩阵
sprand( )	创建非零元素为均匀分布随机数的稀疏矩阵

（续）

函　数　名	功　　能
sprandn( )	创建非零元素为高斯分布随机数的稀疏矩阵
sprandsym( )	创建非零元素为高斯分布随机数的对称稀疏矩阵
spdiags( )	创建对角稀疏矩阵

表 3-14　查看稀疏矩阵非零值信息的函数

函　数　名	功　　能
nnz( )	返回稀疏矩阵非零值的个数
nonzeros( )	返回稀疏矩阵非零值
nzmax( )	返回用于存储稀疏矩阵非零值的空间长度

关于函数的详细语法请查阅说明文档。

3.6.2　稀疏矩阵元素的获取和运算

1. 稀疏矩阵元素的获取

稀疏矩阵元素的获取方式和矩阵元素获取方式相同。

例如稀疏矩阵 b = sparse([1 2 2 3 4 4],[2 3 3 2 3 4],[8 5 4 7 6 2])，要想将第 3 行、第 2 列的数字 7 单独提取出来，可以在命令行窗口输入：

```
>>b = sparse([1 2 2 3 4 4],[2 3 3 2 3 4],[8 5 4 7 6 2])
b =
   (1,2)    8
   (3,2)    7
   (2,3)    9
   (4,3)    6
   (4,4)    2
>>b(3,2)              % 提取第三行,第二列元素,提取后是新的稀疏矩阵
ans =
   (1,1)    7
>>b(4,[3,4])     % 提取第四行,第三列元素;以及第四行,第四列元素,提取后为新的稀疏矩阵
ans =
   (1,1)    6
   (1,2)    2
>>full(b(4,[3,4]))  % 如果需要提出具体的值,可以用 full 函数
ans =
       6    2
```

说明：b(3,2)返回的元素仍然以稀疏矩阵的形式存储，可以看到 ans 为"元素位置元素值"的形式，因为 b(3,2)只有一个元素，所以其元素位置是(1,1)，值是 7；当提取多个

元素时 b(4,[3,4]]，ans 元素个数增加了。

2. 稀疏矩阵元素的运算

大多数 MATLAB 标准数学函数，对稀疏矩阵的运算就像对全元素矩阵运算一样。此外 MATLAB 还提供了一些专门针对稀疏矩阵进行运算的函数。

对于二元运算符，如果两个操作数都是稀疏矩阵，则产生的结果也是稀疏矩阵；如果两个操作数是全元素矩阵，则产生的结果也是全元素矩阵。对于混合的操作数，除非运算保留稀疏性，否则将给出全元素结果。如果 X 是稀疏的，Y 是全元素的，则 X + Y 、X * Y 和 Y\ X 是全元素的；而 X. * Y 和 XY 是稀疏的。

在命令行窗口输入：

```
>>b = sparse([1 2 2 3 4 4],[2 3 3 2 3 4],[8 5 4 7 6 2]);
>>X = randn(4)
X =
        0.5377      0.3188      3.5784      0.7254
        1.8339     -1.3077      2.7694     -0.0631
       -2.2588     -0.4336     -1.3499      0.7147
        0.8622      0.3426      3.0349     -0.2050
>>a1 = X + b          %结果是全元素的
a1 =
        0.5377      8.3188      3.5784      0.7254
        1.8339     -1.3077     11.7694     -0.0631
       -2.2588      6.5664     -1.3499      0.7147
        0.8622      0.3426      9.0349      1.7950
>>a2 = X * b%结果是全元素的
a2 =
        0       29.3501      7.2213      1.4508
        0       34.0571    -12.1475     -0.1261
        0      -27.5200      0.3861      1.4295
        0       28.1419      1.8538     -0.4099
>>a3 = X. * b%结果是稀疏的
a3 =
     (1,2)      2.5501
     (3,2)     -3.0351
     (2,3)     24.9249
     (4,3)     18.2095
     (4,4)     -0.4099
```

3.7 应用实例——噪声信号和门限判决

噪声，从广义上讲是指通信系统中有用信号以外的有害干扰信号，习惯上把周期性的、规律的有害信号称为干扰，而把其他有害的信号称为噪声。噪声可以笼统地称为随机的、不稳定的能量。信号在信道中传输，信道中的噪声会与信号叠加，在接收端被接收。通信系统接收端根据接收信号电平的高低与判决门限电平进行比较，如果信号电平大于等于判决门限电平，判定发送端传来的信号是 1 信号，相反则为 0 信号。本应用实例主要仿真通信中的噪声以及门限判决。

1. 随机噪声

在实际通信系统中，不仅仅有发送端发出的源信号，同时还有各种噪声存在。randn 函数可以产生均值为 0，标准差为 1 的正态分布的随机数或矩阵，因此在 MATLAB 仿真中可以用 randn 函数作为生成随机噪声的模拟信号。

【例 3.7-1】 仿真随机信号与随机噪声叠加以及与门限判决电平进行比较。

【解】 在 M 文件编辑器中输入下列命令，并保存文件为 example37_1. m。

1）仅对发送端信号的判决仿真，在命令行窗口输入：

```
S = rand(1,1500);              % 模拟信号
for i = 1:1500
    if(S(i) > 0.5) | (S(i) == 0.5)   % 判决门限电平为 0.5,信号与判决门限电平 0.5 比较
    S(i) = 1;                  % 信号电平大于 0.5,判决为 1 码
    elseif S(i) < 0.5
    S(i) = 0;                  % 信号电平小于 0.5,判决为 0 码
    end;
end;
```

2）假设信号经过信道叠加随机噪声后的判决仿真，在命令行窗口输入：

```
N = randn(1,1500);            % 模拟随机噪声
Y = S + N;                    % S 仍然为①中的模拟信号
e = 0;                        % 设初始误码为 0
for i = 1:1500
    if (Y(i) > 0.5) | (Y(i) == 0.5);   % 判决
Y(i) = 1;
    elseif Y(i) < 0.5;
Y(i) = 0;
end;
if Y(i) ~ = S(i);            % 模拟误码计数
e = e + 1;                    % 计算误码
end;
end;
P = e./1500                   % 误码率
```

2. 高斯白噪声

除随机噪声外，通信仿真中还需要经常模拟高斯白噪声。如果一个噪声，它的幅度服从高斯分布，而它的功率谱密度又是常数，则称它为高斯白噪声。白噪声，就是说功率谱为一常数；在一般的通信系统的工作频率范围内热噪声的功率谱密度是常数，就像白光的频谱在

可见光的频谱范围内均匀分布那样，所以热噪声又常称为白噪声。由于热噪声是由大量自由电子的运动产生的，其统计特性服从高斯分布，故常将热噪声称为高斯白噪声。仿真时经常采用高斯白噪声是因为实际系统（包括雷达和通信系统等大多数电子系统）中的主要噪声来源是热噪声，而热噪声是典型的高斯白噪声。高斯白噪声是分析信道加性噪声的理想模型。MATLAB 有两个函数可以产生高斯白噪声：wgn( )和 awgn( )。

（1）wgn 函数

wgn 函数用于产生高斯白噪声，其语法格式如下：

$$y = wgn(m,n,p);$$

该语句产生一个 m 行 n 列的高斯白噪声的矩阵，p 以 dBW 为单位指定输出噪声 y 的强度，默认负载阻抗 $1\,\Omega$。

$$y = wgn(m,n,p,imp);$$

用法同上，其中 imp 以 Ω 为单位指定负载阻抗。

$$y = wgn(m,n,p,imp,s);$$

其中，s 为随机数据流句柄，以 randn 产生一个随机样本。

（2）awng 函数

awng 函数用于在某一信号中加入高斯白噪声，其语法格式如下。

$$y = awgn(x,snr);$$

该语句是在向量信号 x 中加入高斯白噪声。其中，信噪比 snr 以 dB 为单位；x 的强度假定为 0dBW。

$$y = awgn(x,snr,sigpower);$$

用法同上。其中，sigpower 是以 dBW 为单位的 x。

【例 3.7-2】用 wgn 函数产生高斯白噪声，噪声功率为 1 dBW。设源信号为正弦信号，将噪声叠加到正弦信号上，观察三者时域波形。

【解】在 M 文件编辑器中输入下列命令，并保存文件为 example37_2.m。

```
N = 0:1000;
fs = 256;
t = N./fs;
y = 3 * sin(pi/2 * t);        %y 为向量信号
x = wgn(1,1001,1);            % 产生高斯白噪声
i = y + x;
subplot(3,1,1);plot(x);
title('产生高斯白噪声信号');
subplot(3,1,2),plot(y);
title('正弦信号');
subplot(3,1,3),plot(i);
title('正弦信号与高斯白噪声叠加');
```

运行 example37_2. m，结果如图 3-7 所示。

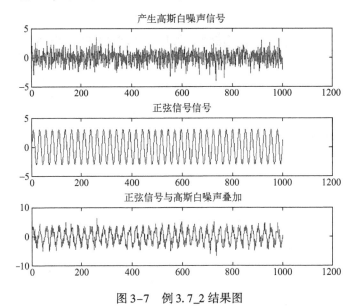

图 3-7 例 3.7_2 结果图

第4章 MATLAB 元胞数组、字符串数组和结构数组

MATLAB 提供了多达十几种的数据类型来操作不同的数据。如果需要获取 MATLAB 数据类型，可以在命令行窗口中输入 help datatypes，获取在线帮助。另外不同的工具箱中还有特殊的数据类型。本章将详细介绍元胞数组、字符串和结构数组。

4.1 元胞数组

元胞数组是 MATLAB 的一种特殊数据类型，可以将元胞数组看作是一种无所不包的通用矩阵，或者叫广义矩阵。元胞数组的基本元素是元胞（cell），元胞可以存放任何类型、任何大小的数组，如任意维数值数组、字符串数组、符号对象等；而且同一个元胞数组中各元胞中的内容可以不同。与数值数组一样，元胞数组维数不受限制，可以为一维、二维或多维，其中一维元胞数组用得最多；元胞数组对元胞的编址方法也有单下标编址和全下标编址两种。本节主要讲解元胞数组的创建、以及简单用法。

4.1.1 元胞数组的创建

组成元胞数组的内容可以是任意类型的数据，因此创建元胞数组之前可以先创建相应的数据。

1. 直接赋值法创建元胞数组

创建元胞数组需要使用运算符花括号"{}"。例4.1–1列举了4种创建元胞数组的直接赋值法。

【例4.1–1】用{}创建元胞数组示例。

在 M 文件编辑器中输入下列命令，并保存文件为 example41_1.m。

```
clear;clc;
% 直接赋值法一:对每个元素直接赋值,创建元胞数组
a(1,1) = {[1 3 6;4 7 9;2 5 8]};
a(1,2) = {'Hello'};
a(2,1) = {(0:0.2:pi)};
a(2,2) = {52};
a
% 直接赋值法二:使用{},创建元胞数组
b = {randn(2,3)', 'Carrot';1 +2i,1:20}
% 直接赋值法三:按数组创建形式创建元胞数组,创建元胞数组
c = [{randn(2,3)},{'Carrot'};{1 +2i},{1:20}]
% 直接赋值法四:自动扩展数组尺寸,没有被赋值的元素为空元胞
d(2,2) = {randn(2,3)}
```

运行 example41_1. m，结果为：

```
a =
    [3x3 double]            ' Hello
    [1x16 double]          [    52]
b =
        [2x3 double]        ' Carrot
    [1.0000 + 2.0000i]     [1x20 double]
c =
        [2x3 double]        ' Carrot
    [1.0000 + 2.0000i]     [1x20 double]
d =
    []              []
    []        [2x3 double]
```

说明：

- 元胞数组的元素是不同类型和不同尺寸的，其中元素类型包括矩阵、字符串数组、标量和向量。
- 创建元胞数组 c 时，首先使用花括号"{}"将元胞数组中的每一元素括起来，然后再使用矩阵创建的方括号"[ ]"将元胞数组所有元素括起来，创建元胞数组。
- 创建元胞数组 d 时，只给元胞数组其中的一个元素赋值，系统会自动扩展数组尺寸，没有被赋值的元素为空元胞数组。

【例 4.1-2】 元胞数组创建示例。

在命令行窗口输入下列命令：

```
>> A = {magic(5)', Good luck ;100,1:10}
A =
    [5x5 double]        ' Good luck
    [      100]        [1x10 double]
>> B = [{magic(5)},{' Good luck };{100},{1:10}]
B =
    [5x5 double]        ' Good luck
    [      100]        [1x10 double]
>> C = {10}
C =
    [10]
>> C(4,4) = {20}
C =
    [10]      []      []      []
    []      []      []      []
    []      []      []      []
    []      []      []      [20]
>> isequal(A,B)              % 判断数组是否相等
```

```
ans =
      1
>> whos
   Name      Size           Bytes Class      Attributes
   A         2x2            546 cell
   B         2x2            546 cell
   C         4x4            192 cell
   ans       1x1            1 logical
```

2. 用 cell 函数分配数组，再对逐个元素赋值

cell 函数能够创建空元胞数组，可以是一维、二维和多维的，但创建的元胞数组一定是空元胞。cell 函数的主要目的是为数组预先分配连续的存储空间，以节约内存，提高程序执行效率。cell 函数的语法为：

c = cell(n)

创建 n × n 的空元胞数组。

c = cell(m,n) c = cell([m,n]);

创建 m × n 的空元胞数组。

c = cell(size(A))

创建与 A 数组同样尺寸的空元胞数组。

【例 4.1-3】 用 cell 函数创建元胞数组。

在命令行窗口输入下列命令：

```
>> A = cell(2)                % 创建 2×2 空元胞数组
A =
    []    []
    []    []
>> B = cell(3,4)              % 创建 3×4 空元胞数组
B =
    []    []    []    []
    []    []    []    []
    []    []    []    []
>> C = cell(2,3,4)           % 创建多维空元胞数组
C(:,:,1) =
    []    []    []
    []    []    []
C(:,:,2) =
    []    []    []
    []    []    []
C(:,:,3) =
    []    []    []
```

```
        []     []      []
C( :,:,4) =
        []     []      []
        []     []      []
>> whos
   Name      Size          Bytes Class      Attributes
   A         2x2           16 cell
   B         3x4           48 cell
   C         2x3x4         96 cell
```

4.1.2　元胞数组的操作

元胞数组的操作主要包括对元胞数组的元胞以及元胞数据的访问、修改以及元胞数组的扩展、收缩等操作。

1. 元胞标识和元胞内容编址

对元胞数组来说，元胞和元胞内容是两个不同范畴。因此，寻访元胞和寻访元胞中的内容是两种不同的操作。为此 MATLAB 设置了两种不同的操作：元胞标识和元胞内容编址。

- 元胞标识：以二维元胞数组 a 为例，a(2,1)是指 a 中的第 2 行第 1 列的元胞元素。
- 元胞内容编址：例如，a{2,1}是指元胞数组 a 的第 2 行第 1 列的元胞中所允许存放的内容。

对例 4.1-1 中的元胞数组 a 操作，在命令行窗口输入：

```
>>e = a(2,1)
e =
     [1x16 double]
>>f = a{2,1}
f =
  Columns 1 through 12
        0   0.2000   0.4000   0.6000   0.8000   1.0000   1.2000   1.4000
   1.6000   1.8000   2.0000   2.2000
  Columns 13 through 16
   2.4000   2.6000   2.8000   3.0000
>> whos
   Name      Size          Bytes Class      Attributes

   a         2x2           458 cell
   b         2x2           476 cell
   c         2x2           476 cell
   d         2x2           120 cell
   e         1x1           188 cell
   f         1x16          128 double
```

可以看出，e 使用圆括号"( )"直接访问元胞数组的元胞。f 使用花括号"{}"直接获取元胞数组的元胞内容。e 和 f 不同之处在于所用的括号不同。"元胞标识的元素"用的是"圆括号",而"元胞内容编址"用的是"花括号"。所以通过 whos 命令可以看出,e 为 cell 型,而 f 为 double 型。

2. 元胞及元胞元素的获取

如果想要获取元胞,需要使用"( )";如果想要获取元胞元素内部成员,则需要将"{ }"和"( )"结合起来使用。

【例 4.1-4】 使用"( )"获取元胞示例。

在命令行窗口输入下列命令:

```
>> A = { magic(5)', Good luck ;100, uint8(1:10) }
A =
      [5x5 double]    ' Good luck
      [     100]    [1x10 uint8]
>> B = A(2,2)
B =
      [1x10 uint8]
>> C = A(1,2)
C =
    ' Good luck
>> class(B)
ans =
cell
>> whos
   Name     Size          Bytes Class       Attributes
   A        2x2           476 cell
   B        1x1           70 cell
   C        1x1           78 cell
   ans      1x4           8 char
```

【例 4.1-5】 元胞元素的获取示例。

若要获取元胞元素中的元素,则需要同时运用运算符{ }和( )。

在命令行窗口输入下列命令:

```
>> A = { magic(5)', Good luck ;100, uint8(1:10) } ;
>> B = A{2,2}(5)
B =
    5
>> C = A{1,2}(9)
C =
k
>> D = A{2,2}(7:end)
D =
     7     8     9     10
```

```
>>class(D)
ans =
uint8
>>whos
```

Name	Size	Bytes Class	Attributes
A	2x2	476 cell	
B	1x1	1 uint8	
C	1x1	2 char	
D	1x4	4 uint8	
ans	1x5	10 char	

3. 用 deal 函数配置多个元胞内容

deal 函数的调用格式为：

$$[A,B,C,\ldots] = deal(X,Y,Z,\ldots)$$

该语句是简单匹配输入输出列表，类似于 $A = X, B = Y, C = Z, \ldots$

对例 4.1-1 中元胞数组 a 操作，在命令行窗口输入：

```
>>a(1,1) = {[1 3 6;4 7 9;2 5 8]};
>>a(1,2) = {'Hello'};
>>a(2,1) = {(0:0.2:pi)};
>>a(2,2) = {52};
>>[i1,i2] = deal(a{1,1},a{1,2})
i1 =
    1    3    6
    4    7    9
    2    5    8
i2 =
Hello
```

4. 多元胞内容的直接配置

在命令行输入下列命令：

```
>>[i1,i2] = a{[1,3]}
i1 =
    1    3    6
    4    7    9
    2    5    8
i2 =
Hello
```

5. 元胞元素的扩充

元胞数组的扩充需要使用"[ ]"。下面通过举例说明。

【例 4.1-6】 元胞元素的扩充示例。

在命令行窗口输入下列命令:

```
>>k = cell(2,2)          % 创建一个空元胞数组
k =
    [ ]     [ ]
    [ ]     [ ]
>>a(1,1) = {[1 3 6;4 7 9;2 5 8]};
>>a(1,2) = {'Hello'};
>>a(2,1) = {(0:0.2:pi)};
>>a(2,2) = {52};
>>L = [a,k]            % 空格或逗号用来分隔列
L =
    [3x3 double]     'Hello'      [ ]     [ ]
    [1x16 double]    [ 52] [ ]     [ ]
>>M = [a;k]            % 分号用来分隔行
M =
    [3x3 double]     'Hello'
    [1x16 double]    [ 52]
                     [ ]     [ ]
                     [ ]     [ ]
```

6. 元胞数组的收缩和重组

元胞数组的元素可以用运算符 "[ ]" 来删除，也可以用命令函数 reshape 进行重组。下面通过举例说明。

【例 4.1-7】 元胞数组的收缩和重组。

```
>>A = {zeros(3,4,5),magic(5)',Are you where?';100,int16(1:10),true}
A =
    [3x4x5 double]     [5x5 double]     'Are you where?'
    [       100]       [1x10 int16]     [             1]
>>A(:,3) = []
A =
    [3x4x5 double]     [5x5 double]
    [       100]       [1x10 int16]
>>B = [A,A;A,A]
B =
    [3x4x5 double]     [5x5 double]     [3x4x5 double]     [5x5 double]
    [       100]       [1x10 int16]     [       100]       [1x10 int16]
    [3x4x5 double]     [5x5 double]     [3x4x5 double]     [5x5 double]
    [       100]       [1x10 int16]     [       100]       [1x10 int16]
>>C = reshape(B,2,2,4)
C(:,:,1) =
```

```
        [3x4x5 double]      [3x4x5 double]
        [        100]      [        100]
C(:,:,2) =
        [5x5 double]       [5x5 double]
        [1x10 int16]       [1x10 int16]
C(:,:,3) =
        [3x4x5 double]      [3x4x5 double]
        [        100]      [        100]
C(:,:,4) =
        [5x5 double]       [5x5 double]
        [1x10 int16]       [1x10 int16]
>>whos
    Name        Size            Bytes Class         Attributes

    A           2x2              948 cell
    B           4x4             3792 cell
    C           2x2x4           3792 cell
    ans         2x1                8 cell
```

7. 元胞数组的操作函数

除了对元胞数组上述操作之外，MATLAB 还提供了一部分函数用来进行元胞数组的操作，可以通过 help datatypes 获取帮助：

```
>>help datatypes
    Data types and structures.


    Data types(classes)
        double          - Convert to double precision.
        logical         - Convert numeric values to logical.
        cell            - Create cell array.
        struct          - Create or convert to structure array.
    ......
    Cell array functions.
        cell            - Create cell array.
    celldisp            - Display cell array contents.
    cellplot            - Display graphical depiction of cell array.
        cell2mat        - Convert the contents of a cell array into a single matrix.
        mat2cell        - Break matrix up into a cell array of matrices.
        num2cell        - Convert numeric array into cell array.
        deal            - Deal inputs to outputs.
        cell2struct     - Convert cell array into structure array.
        struct2cell     - Convert structure array into cell array.
    iscell              - True for cell array.
```

表 4-1 列出了元胞数组的操作函数。下面对这些函数进行说明。

表 4-1　元胞数组操作函数

函　　数	说　　明
cell( )	创建"空"元胞数组
cellfun( )	为元胞数组的每个元胞分别执行指定的运算
celldisp( )	显示所有元胞的内容
cellplot( )	利用图形方式显示元胞内容
cell2mat( )	将"以矩阵为内容的元胞"转换为矩阵
mat2cell( )	将矩阵分割成块，在保存为元胞数组
num2cell( )	把数组数组转换为元胞数组
deal( )	将元胞类输出量分配给相应的输出量
cell2struct( )	将元胞数组转换为结构数组
struct2cell( )	将结构数组转换为元胞数组
iscell( )	判断输入是否是元胞数组

（1）cellfun 函数

cellfun 函数是在某些限制条件下，可以对整个元胞数组进行同一函数的操作和运算。cellfun 函数的调用格式为：

$$B = cellfun(fun, A);$$

其中，fun 表示实现运算的匿名函数或函数句柄；A 是被实施运算的元胞数组。cellfun 函数更详细的使用说明，请参看 MATLAB 的在线帮助。

【例 4.1-8】cellfun 函数示例。

在 M 文件编辑器中输入下列命令，并保存文件为 example41_8. m。

```
A(1,1) = {1:6};
A(1,2) = {[1,2,3,4,5,6]};
celldisp(A)
B = cellfun(@ mean,A)
C = cellfun(@ sum,A)
```

运行 example41_8. m，结果为：

```
A{1} =
    1    2    3    4    5    6
A{2} =
    1    2    3    4    5    6
B =
3. 5000    3. 5000
C =
   21
```

（2）num2cell 函数

num2cell 函数可将一数值矩阵的元素转换成元胞数组。调用格式为：

  C = num2cell(A, dim);

其中，dim 是代表的"切割"的维度号；"1"代表"列"，"2"代表"行"，若不指定，则将每个元素视为元胞数组中的一个 1×1 矩阵。

【例 4.1-9】num2cell 函数示例。

在命令行窗口输入：

```
>>A = [1 3 5;2 4 6];
>>B = num2cell(A,1)          % 1 代表按列"切割"成元胞数组
B =
    [2x1 double]    [2x1 double]    [2x1 double]
>>celldisp(B)
B{1} =
     1
     2
B{2} =
     3
     4
B{3} =
     5
     6
>>C = num2cell(A,2)          % 2 代表按行"切割"为元胞数组
C =
    [1x3 double]
    [1x3 double]
>>celldisp(C)
C{1} =
     1     3     5
C{2} =
     2     4     6
>>D = num2cell(A)            % 没有指定行或列,每个元素都被"切割"为元胞数组
D =
    [1]    [3]    [5]
    [2]    [4]    [6]
```

（3）mat2cell 函数

mat2cell 函数能将矩阵转化成胞元数组，用数学的语言讲就是矩阵分块。调用格式为：

  C = mat2cell(A, M, N);

该语句用于将矩阵 A 转换为元胞数组 C。M 和 N 的元素数分别决定 C 的行数和列数。M 和 N 的元素值分别决定 C 中相应位置元胞的行、列大小。

【例 4.1-10】mat2cell 函数示例。

在命令行窗口输入：

```
>>a = [1 3 5 7;2 4 6 8;3 6 9 15;4 8 12 16]
a =
    1    3    5    7
    2    4    6    8
    3    6    9    15
    4    8    12   16
>>ca = mat2cell(a,[1 3],[3 1])
% 把 a 分成 4 个子矩阵,分别为 2? 2 的 ca 的 4 个元胞
% ca(1,1)为 ca 的"前 1 行前 3 列";ca(1,2)为 ca 的"前 1 行后 1 列"
% ca(2,1)为 ca 的"后 3 行前 3 列";ca(2,2)为 ca 的"后 3 行后 1 列"
ca =
    [1x3 double]    [         7]
    [3x3 double]    [3x1 double]
>>celldisp(ca)
ca{1,1} =
    1    3    5
ca{2,1} =
    2    4    6
    3    6    9
    4    8    12
ca{1,2} =
    7
ca{2,2} =
    8
    15
    16
>>cb = mat2cell(a,[2 2],[1 3])
% 把 a 分成 4 个子矩阵,分别为 2? 2 的 ca 的 4 个元胞
% ca(1,1)为 ca 的"前 2 行前 1 列";ca(1,2)为 ca 的"前 2 行后 3 列"
% ca(2,1)为 ca 的"后 2 行前 1 列";ca(2,2)为 ca 的"后 2 行后 3 列"
cb =
    [2x1 double]    [2x3 double]
    [2x1 double]    [2x3 double]
>>celldisp(cb)
cb{1,1} =
    1
    2
cb{2,1} =
    3
    4
cb{1,2} =
```

```
       3      5      7
       4      6      8
cb{2,2} =
       6      9     15
       8     12     16
```

（4）cell2mat 函数

cell2mat 函数把一个由多个矩阵构成的元胞数组转换成一个矩阵，即把元胞数组中的多个矩阵合并成一个矩阵。需要注意的是，并非任何情况下都能得到正确的结果。获得正确结果的一个基本要求是：在元胞数组中，处于同行的矩阵要有相等的行数，处于同列的矩阵要有相等的列数。

该函数的调用格式为：

```
m = cell2mat(c);
```

【例 4.1-11】 cell2mat 函数示例。

在命令行窗口输入：

```
>>c = {[1] [2 3 4];[5;9] [6 7 8;10 11 12]};
>>c{1,1}
ans =
     1
>>c{1,2}
ans =
     2      3      4
>>c{2,1}
ans =
     5
     9
>>c{2,2}
ans =
     6      7      8
    10     11     12
>>m = cell2mat(c)
m =
     1      2      3      4
     5      6      7      8
     9     10     11     12
```

说明：c = {[1] [2 3 4];[5;9] [6 7 8;10 11 12]};为2?2元胞数组

```
C{1,1} = 1;          %1行1列元胞
C{1,2} = 2 3 4;      %1行2列元胞
C{2,1} = 5
       9;            %2行1列元胞
```

C{2,2} =6 7 8

     10 11 12;   %2 行 2 列元胞

分别将这几组数组用 cell2mat 函数组合起来 [C{1,1}C{1,2};C{2,1}C{2,2}]，得到 m。

4.2　字符串数组

在 2.4 节关于字符串数组的创建中讲到，创建字符串数组需要用"单引号对"，将字符串内容包含起来。字符串数组也叫字符串，一般以向量形式存在，并且每个字符占用两个字节的内存。这节主要讲述字符串的操作和输入、输出等。

4.2.1　字符串数组的操作

1. 字符串数组的创建和索引

由于字符串实际上也是 MATLAB 的向量或者数组，利用索引操作数组的方法都可以用来操作字符串。

在 MATLAB 命令行窗口输入下列命令进行创建和索引字符串：

```
>> a = Welcome to china
a =
Welcome to china
>> b = a(1:10)
b =
Welcome to
>> c = a(12:end)
c =
china
```

2. 字符串数组的拼接

使用符号"[ ]"可以拼接字符串，如果用"，"作为不同字符串之间的间隔，则相当于扩展字符串数组为更长的向量；如果用"；"作为不同字符串之间的间隔，则相当于扩展字符串为二维或者多维数组，但要求不同行上的字符串必须具有相同的长度。如果长度不同，可用空格调成相同长度的字符串，否则会报错。可使用 length 函数来获得字符串数组的长度。

在 MATLAB 命令行窗口输入下列命令：

```
>> a = Welcome to china ;
>> length(a)
ans =
    16
>> c = Beijing is the capital of China
c =
```

Beijing is the capital of China

```
>>length(c)
ans =
32
```

【例 4.2-1】 字符串的拼接。

在 MATLAB 命令行窗口输入下列命令：

```
>>x = Good ;
>>y = luck ;
>>length(x) == length(y)
ans =
    1
>>z = [x'' ,y]        % x 与 y 间加一空格
z =
Good luck
>>a = [x;y]
a =
Good
luck
>>size(z)
ans =
    1    9
>>size(a)
ans =
    2    4
```

3. 字符串的转换

MATLAB 使用 Unicode 码作为字符集，所以在字符串和一般的数值之间可以进行转换。例如在命令行窗口键入：

```
>>a = Welcome to china ;
>>e = double(a)
e =
    Columns 1 through 11
    87   101   108   99   111   109   101   32   116   111   32
    Columns 12 through 16
99 104 105 110    97
```

【例 4.2-2】 字符串与数值的转换。

在 MATLAB 命令行窗口输入下列命令：

```
>>x = 天气真好呀!' ;
>>y = double(x)
y =
```

| | 22825 | 27668 | 30495 | 22909 | 21568 | 65281 |

```
>> char(y)
ans =
天气真好呀!
>> whos
```

Name	Size	Bytes Class	Attributes
ans	1x6	12 char	
x	1x6	12 char	
y	1x6	48 double	

4. 复杂字符串的存放

复杂的字符串，可以用元胞数组存放。

在 MATLAB 命令行窗口输入下列命令：

```
>> A1 = {'What does the bird feed on?';
'Welcome to Beijing';
'Where are you?'}
A1 =
    'What does the bird feed on?'
    'Welcome to Beijing'
    'Where are you?'
>> a1 = class(A1)        % 获取 A1 数据类型
a1 =
cell
>> size(A1)              % 获取元胞数组的大小
ans =
    3    1
```

4.2.2 常用的字符串操作函数

表4-2 列出了 MATLAB 的一些字符串的操作函数。

表4-2 字符串操作函数

函　数	说　明
char( )	把数值转换为字符串
double( )	把字符串转换为 Unicode 数值
blanks( )	创建空白字符串（由空格组成）
deblank( )	删除字符串尾部空格
upper( )	把字符串字符全部转换为大写字符
lower( )	把字符串字符全部转换为小写字符
ischar( )	判断变量是否为字符类型
strcmp( )	比较字符串，判断字符串是否一致
strnmp( )	比较字符串的前 n 个字符，判断是否一致

（续）

函　数	说　明
strcmpi( )	比较字符串，比较时忽略大小写
strnmpi( )	比较字符串的前 n 个字符，比较时忽略大小写
strcat( )	水平组合字符串，构成更长的字符向量
strvcat( )	垂直组合字符串，构成字符串矩阵
findstr( )	在较长的字符长中查询较短的字符串出现的索引，如没有出现返回空数组
strfind( )	在第一个字符串中查询第二个字符串出现的索引，如没有出现返回空数组
strjust( )	对齐排列字符串

【例 4.2-3】 strcat、strvcat、strcmp、strncmp、findstr、strfind 函数的使用示例。
在 MATLAB 命令行窗口输入下列命令：

```
>>a = At times,I like green.' ;
>>b = I like red.' ;
>>f = green ;
>>c = strcat(a,b)
c =
At times,I like green. I like red.
>>d = strvcat(a,b,c)
d =
At times,I like green.
I like red.
At times,I like green. I like red.
>>e = strcmp(a,b)
e =
     0
>>g = findstr(f,a)
g =
    17
>>h = strfind(f,a)
h =
    [ ]
>> whos
  Name      Size            Bytes  Class      Attributes
  a         1x22               44  char
  b         1x11               22  char
  c         1x33               66  char
  d         3x33              198  char
  e         1x1                 1  logical
  f         1x5                10  char
  g         1x1                 8  double
  h         0x0                 0  double
```

4.2.3 字符串的转换函数和格式化输入输出

表 4-3 列出输入输出函数和一些字符串转换函数。

表 4-3 输入输出函数和字符串转换函数

函 数	说 明
sscanf( )	按照要求的格式把字符串转换成数值输入
sprintf( )	按照要求的格式把数值转换为字符串输出
fscanf( )	从指定的文件中获取有格式数据
fprintf( )	按照要求的格式把数据写到文件或屏幕
num2str( )	把数值转换为字符串
int2str( )	把整数转换为字符串
mat2str( )	把矩阵转换为可被 eval 函数使用的字符串
str2double( )	把字符串转换为双精度数据
str2num( )	把字符串转换为数值
hex2dec( )	把十六进制整数字符串转换为十进制数据（需要注意：输入参数为字符串，见例 4.2-2）
hex2num( )	把十六进制整数字符串转换为双精度数据
dec2hex( )	把十进制整数转换为十六进制整数字符串，参数为非负整数且小于 252
bin2dec( )	把二进制整数字符串转换为十进制整数
dec2bin( )	把十进制整数转换为二进制整数字符串

【例 4.2-4】 hex2dec 函数和 dec2hex 函数的用法示例。

在 MATLAB 命令行窗口输入下列命令：

```
>> a = 1000;
>> b = dec2hex(a)
b =
3E8
>> c = dec2bin(a)
c =
1111101000
>> d = dec2base(a,5)
d =
13000
>> c(end) = 1
c =
1111101001
>> bin2dec(c)
ans =
      1001
>> whos
  Name      Size          Bytes Class      Attributes
  a         1x1               8 double
```

ans	1x1	8	double
b	1x3	6	char
c	1x10	20	char
d	1x5	10	char

【**例 4.2-5**】num2str 函数和 str2num 函数用法示例。

在 MATLAB 命令行窗口输入下列命令：

```
>>X = [ 1 2 3 4 ';5 6 7 8 ];
>>A = str2num( X )
A =
      1    2    3    4
      5    6    7    8
>>B = str2num( '2 +5i' )
B =
    2.0000 + 5.0000i
>>C = str2num( '2 +5i' )
C =
    2.0000 + 5.0000i
>>D = num2str( magic(5) )
D =
17 24  1  8 15
23  5  7 14 16
 4  6 13 20 22
10 12 19 21  3
11 18 25  2  9
>>whos
```

Name	Size	Bytes	Class	Attributes
A	2x4	64	double	
B	1x1	16	double	complex
C	1x1	16	double	complex
D	5x18	180	char	
X	2x7	28	char	

MATLAB 继承了标准 C 语言中用于 printf 函数的格式化字符，即用于 C 语言的格式字符串都可以用于 MATLAB 的格式化输出函数。sscanf、sprintf、fscanf、fprintf 为格式化输入输出函数。fprinf 与 sprintf 的区别是：fprintf 把转换结果输出到屏幕或指定文件，而 sprintf 则把转换结果存放在变量里。fscanf 与 sscanf 的区别是 fscanf 读取的数据来源于文件，sscanf 读取的数据来源于字符串。fscanf 和 fprintf 的用法详见 2.8 节。

sscanf 函数是在控制格式下把字符串转换成数值输入，调用格式为：

A = sscanf(s,format) ;

其中，s 为包含数据的字符串；format 是转换字符串数据的格式化字符串，详见表 2-12。
sscanf 函数的另一种调用格式为：

　　A = sscanf(s, format, size);

其中，size 是需要转换的字符矩阵大小。

在 MATLAB 命令行窗口输入下列命令：

```
>> S1 = 20.3654 18.6579 16.2571;
>> A1 = sscanf(S1', %f)
A1 =
  2.0365e +001
  1.8658e +001
  1.6257e +001
>> A2 = sscanf(S1', %f,[2,2])        % 把 S1 字符串转换为浮点格式的 2×2 数组
A2 =
  2.0365e +001    1.6257e +001
  1.8658e +001             0
>> whos
  Name      Size          Bytes Class        Attributes
  A1        3x1           24 double
  A2        2x2           32 double
  S1        1x23          46 char
```

　　使用 sscanf 函数进行格式化输入时，需要注意输入的数据格式和格式化字符串之间应能够匹配，否则得到的结果可能不正确。

　　sprintf 函数是按照要求的格式把数值转换为字符串输出，其调用格式为：

　　　　s = sprintf(format, A, ...);

其中，format 是格式化字符串；A 为源数据；s 是函数格式化得到的输出结果。

在 MATLAB 命令行窗口输入下列命令：

```
>> A = - pi;
>> s1 = sprintf( % +8.5f ,A)
s1 =
 -3.14159
>> B = 156.23698;
>> s2 = sprintf( % +8.3f ,B)
s2 =
 +156.237
>> C = [pi,65,66];
>> s3 = sprintf( %f %d %f ,C)
s3 =
3.141593 65 66.000000
>> whos
  Name      Size          Bytes Class        Attributes
  A         1x1           8 double
  B         1x1           8 double
```

C	1x3	24 double
s1	1x8	16 char
s2	1x8	16 char
s3	1x21	42 char

4.3 结构数组

结构数组是以"名称"为寻访手段，用以存放不同大小的各类数据的异构容器。结构数组的基本组成为结构，数据不能直接存放在结构中，只能存放在"域"中。结构的"域"用"结构名．域名"来标识，域也称为字段。结构类型的变量也可以是一维的、二维的或多维的数组。结构数组对结构的编址方法也有单下标编址和全下标编址两种。在访问结构类型数据的元素（元素也称为记录）时，可以使用索引配合域的形式。

4.3.1 直接赋值法创建结构数组

1. 直接对域赋值创建 1×1 的结构数组

【例 4.3-1】创建一个学生基本情况的结构数组，结构数组的域包括姓名、年龄、学号和性别。

在命令行窗口输入：

```
>> student. name = Linda ;  %结构的域由"结构名．域名"来标识，即结构名为 student,域名
为 name
>> student. age = 9 ;
>> student. ID = 001 ;
>> student. sex = female ;
>> student              %显示结构及内容
student =
    name': Linda
      age:9
ID': 001
    sex': female
```

例 4.3-1 中，创建具有一个元素的 student 结构数组，该数组具有一个记录。student 结构共有 4 个域，也称为 4 个字段，分别为姓名、年龄、学号和性别。这 4 个字段分别包含了字符串和双精度数据。

2. 给结构数组增加元素

如果需要容纳更多的元素，加索引就可以加入新元素

【例 4.3-2】结构数组增加元素。

在 M 文件编辑器中输入下列命令，并保存文件为 example43_2. m。

```
clear;
student(1). name = Linda ;
student(1). age = 9;
```

```
student(1). ID = 001 ;
student(1). sex = female ;
student(2). name = Coral ;
student(2). age = 10;
student(2). ID = 002 ;
student(2). sex = female ;
student
student(1)
student(2)
```

运行 example43_2，结果为：

```
student =
1x2 struct array with fields：
    name
    age
ID
    sex
ans =
        name'：Linda
            age：9
        ID'：001
            sex'：female
ans =
        name'：Coral
            age：10
ID'：002
            sex'：female
```

3. 结构数组增加字段

在 M 文件编辑器中输入下列命令：

```
>> student(1). grade = 4
student =
1x2 struct array with fields：
    name
    age
ID
    sex
    grade
```

4. 删除结构数组字段

在 M 文件编辑器中输入下列命令：

```
>> student = rmfield( student', sex ) ;
```

```
>> student
student =
1x2 struct array with fields：
    name
    age
ID
    grade
```

4.3.2 struct 函数创建结构数组

使用 struct 函数，可以根据指定的字段及其相应的值创建结构体数组。struct 函数的调用格式为：

struct_name = struct(field1 ,{val1}', field2 ,{val2}...) ;

在命令行窗口输入下列命令，创建 student 结构数组：

```
>> student = struct( name ,{ Linda , Coral }', age ,{9,10}', ID ,{ 001 , 002 }', sex ,{ female , fe-
mal }) ;
>> student
student =
1x2 struct array with fields：
    name
    age
ID
    sex
```

利用 struct 函数还可以创建空结构数组：

```
>> student = struct( name ,{}', age ,{}', ID ,{}', grade ,{})
student =
0x0 struct array with fields：
    name
    age
ID
grade
```

4.3.3 结构数组的操作

结构数组的基本操作其实是对结构数组元素的操作。主要有元素数据的访问、域的增加和删除等。访问结构数组元素的方法是通过使用结构数组的域名实现相应操作的。基本调用格式为：

struct_name. (expression) ;

其中，express 是代表域名的表达式，也可以是域名的字符串。也可以使用所谓的"动态"域的形式对结构数组的元素进行访问。

1. 结构数据的访问和获取

使用结构数组索引，能获取结构数组中的元素或任何域的值。在结构数组名后面添加索引范围，可以获取子数组。相似地，可以给任何元素的域赋值。仍然对例 4.3 - 2 中的 student 结构数组进行操作，在命令窗口中输入：

```
>> a1 = student(1:2)        % 使用索引访问元素,并赋值 a1
a1 =
1x2 struct array with fields:
    name
    age
    ID
    sex
>> a1(1)                     % 访问 a1 第 1 个元素
ans =
    name': Linda
     age:9
      ID': 001
     sex': female
>> a2 = student(2). ID       % 访问 student 结构的第 2 个元素的 ID 域
a2 =
002
>> a3 = [student. age]       % 获取 student 结构的 age 域数据,创建向量赋给 a3
a3 =
     9    10
>> student(3). ID = 003      % 访问同时创建了第 3 个元素,没有赋值的域为空
student =
1x3 struct array with fields:
    name
    age
    ID
sex
>> student(3)
ans =
    name:[ ]
     age:[ ]
      ID': 003
     sex:[ ]
>> student. name            % 访问某一域所有数据
ans =
Linda
ans =
Coral
ans =
    [ ]
```

```
>> student. ( name )           % 使用动态域的形式访问数据
ans =
Linda
ans =
Coral
ans =
[ ]
```

2. 结构数组数据的运算

在命令窗口中输入：

```
>> report = struct( name ,{ Linda , Coral }, ID ,{001,002}, score ,{[89,95,98],[91,90,92]})
report =
1x2 struct array with fields：
    name
    ID
    score
>> m1 = mean( report(1). score)
m1 =
94
>> report(2). score
ans =
    91    90    92
>> report(1). score(1,:)

ans =

    89    95    98
```

3. 结构数组操作函数

表 4-4 列出了结构数组的操作函数。

表 4-4　结构数组操作函数

函　　数	说　　明
struct( )	创建结构或将其他数据类型转换成结构
fieldnames( )	获取结构的字段名称
getfield( )	获取结构的字段数据
setfield( )	设置结构的字段数据
rmfield( )	删除结构的指定字段
isfield( )	判断给定的字符串是否为结构的字段名称
isstruct( )	判断给定的数据对象是否为结构类型
orderfields( )	将结构字段排序

对例 4.3-2 中的 student 结构数组进行操作，在命令窗口中输入下列命令，可以获取结构的字段名称、数据等。

```
>> fieldnames(report)
ans =
    'name'
    'ID'
'score'
>> getfield(report(2)', name')
ans =
Coral
>> setfield(report(2)', name', Anna')
ans =
    name': Anna'
      ID: 2
   score: [91 90 92]
```

4. 结构数组的大小

使用 size 函数可以获取结构数组或任何结构字段的大小。给定一个结构数组名作为变量，size 返回一个数组的维向量。给定 array(n). field 形式的变量，size 函数返回一个包含字段内容大小的向量。

```
>> size(report)
ans =
2
>> size(report(1). score)
ans =
    1    3
```

4.4　应用实例——通信系统组成仿真

通信系统是实现信息传递所需的技术设备和传输媒质的总和。以基本的点对点通信为例，通信系统的组成如图 4-1 所示。

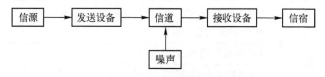

图 4-1　通信系统组成模型

信源（也称发终端）是把待传输的消息转换成原始电信号的设备，如电话系统中电话机可看成是信源。信源输出的信号称为基带信号。所谓基带信号是指没有经过调制（进行频谱搬移和变换）的原始电信号，其特点是信号频谱从零频附近开始，频带较低。发送设备的一般功能是将信源产生的原始电信号（基带信号）通过调制技术转换成适合在信道中传输的信号。信道是指信号传输的通道，可以是有线的，也可以是无线的，也包含信号通过的中间设备。噪声是信道中的所有噪声以及分散在通信系统中其他各处噪声的集合，比如随机噪声、高斯白噪声等。在接收端，接收设备的功能与发送设备相反，即进行解调、译码、解码等。它的任务是从带有干扰的接收信号中恢复出相应的原始电信号来。信宿（也称受信者或收终端）是将复原的原始电信号转换成相应的消息，如电话机将对方传来的电信号还原成了声音。

【例 4.4-1】 应用实例——仿真 16QAM 的调制和解调的通信系统。

首先用 randint 函数产生一个二进制比特流仿真信源，比特流的长度为 30000；其次，由于发送设备模拟 16 点的正交幅度调制（16 – QAM）调制，所以每符号将携带 $k = \log2(M)$，其中 M = 16，即每符号携带 4 比特信息。所以在调制之前进行预处理，将 30000 个数据转换为 4 列并行数据；调制，产生 16 点的星座图；送入信道，并在信道中加入高斯白噪声，模拟实际信道。接收设备接收到带有噪声的信号，解调制；最后恢复出原始信号的二进制比特流。

在 M 文件编辑器中输入下列命令，并保存文件为 example44_1. m。

```
%% 建立
% 定义参数
M = 16;                        % 星座的尺寸
k = log2(M);                   % 每符号比特数目
n = 3e4;                       % 处理的比特数目
nsamp = 1;                     % 偏差
hMod = modem. qammod(M);       % 创建 16 – QAM 调制器
%% 信号源
% 产生一个二进制比特流
x = randint(n,1);              % 随机二进制比特流
% 画出前 40 比特信号柱状图
stem(x(1:40)', filled);
title('Random Bits');
xlabel('Bit Index');ylabel('Binary Value');
%% 比特到符号转换
% 把 x 转换为 k – bit 符号.
xsym = bi2de(reshape(x,k,length(x)/k).', left - msb);
%% 用得到的符号画柱状图
% 画出前 10 个符号的柱状图
figure;% 产生新窗口
stem(xsym(1:10));
title('Random Symbols');
xlabel('Symbol Index');ylabel('Integer Value');
%% 调制
y = modulate(modem. qammod(M),xsym);% 调制 16 – QAM 信号
%% 传输信号
ytx = y;
```

```
%% 信道
% Send signal over an AWGN channel.
EbNo = 10;%  In dB
snr = EbNo + 10 * log10(k) - 10 * log10(nsamp);
ynoisy = awgn(ytx, snr, 'measured');
%% 接收信号
yrx = ynoisy;
%% 画星座图
% 产生带噪声信号的星座图
% 和符号在同一坐标系
h = scatterplot(yrx(1:nsamp * 5e3), nsamp, 0, 'g.');
hold on;
scatterplot(ytx(1:5e3), 1, 0, 'k*', h);
title('Received Signal');
legend('Received Signal', 'Signal Constellation');
axis([-5 5 -5 5]);              % 设置坐标范围
hold off;
%% 解调
% 16 - QAM 解调
zsym = demodulate(modem.qamdemod(M), yrx);
%% 符号到比特转换
z = de2bi(zsym', 'left-msb');     % 把整数转换为比特
% 把 z 转换为列向量
z = reshape(z.', numel(z), 1)
```

运行 example44_1. m，结果如图 4-2 ～图 4-4 所示。

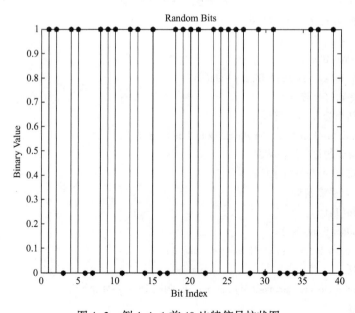

图 4-2　例 4.4-1 前 40 比特信号柱状图

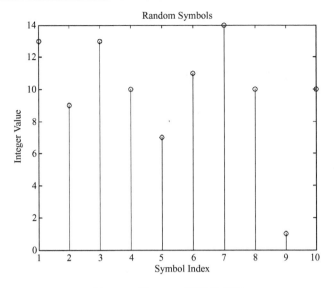

图4-3　例4.4-1符号柱状图

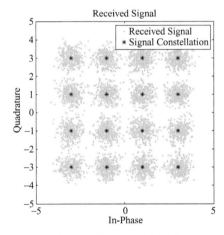

图4-4　例4.4-1星座图

第5章　MATLAB 绘图

与 C 语言相比较，MATLAB 的优点不仅限于数组化运算方法，还包括其强大的绘图功能。C 语言实现绘图功能需要编写复杂的程序代码，而使用 MATLAB 语言能够很容易实现数据的可视化，因为 MATLAB 自带绘图函数。利用 MATLAB 提供的绘图函数，一维数据的连续与离散绘图、二维图像的显示以及三维数据的曲线与曲面绘图都很容易实现。

5.1　基本绘图

MATLAB 的基本绘图是指对一维函数的绘图。因为一维函数只有一个自变量，所以用二维平面图形中的曲线即可表示函数值与自变量之间的关系。一元函数的绘图分为连续曲线绘图与离散点绘图两种。

5.1.1　绘制二维图形

最常用的一维数据的绘图函数是 plot 函数，该函数既可绘制连续曲线图形，又能绘制离散点图形。plot 函数绘制连续曲线的基本调用格式为：

> plot(x,y);

此调用方式以 x 的各元素作为横坐标值，y 的各元素作为纵坐标的值绘制连续曲线。数组 x 与 y 的维数必须相同，具有相同下标的 x、y 的元素构成图形的曲线上的一个点。

plot 函数绘制连续曲线的另一个基本调用格式为：

> plot(y);

此调用方式以 y 的各元素为纵坐标的值绘制二维连续曲线。此时曲线的横坐标的取值方法为：y 的第一个元素的横坐标为 1、第二个元素的横坐标为 2，…，第 n 个元素的横坐标为 n，…，以此类推，直到最后一个元素。

【例 5.1–1】绘制正弦函数的图形。

在 M 文件编辑器中输入下列命令，并保存文件为 example51_1.m。

```
t = - pi:0.1:pi;
y = sin(t);
figure(1),plot(y)
figure(2),plot(t,y)
xlabel('t')
ylabel('y')
title('正弦函数')
grid on
```

程序的运行结果如图 5-1 所示。以下对例 5.1-1 的程序进行详细说明。

● 代码 figure(1) 调用了 figure 函数，figure(1) 的作用是使绘制图形的标号为 Figure 1，如图 5-1a 左上角所示。

● plot(y) 的作用是绘制出 y 的图形，如图 5-1a 所示，因为调用 plot 函数时未给出自变量的值，所以图中的横坐标取为 y 的各元素的下标，并不是函数自变量的正确数值。

● plot(t,y) 的作用是绘制 y 的图形，并以数组 t 的各元素作为 y 的对应各元素的横坐标，如图 5-1b 所示。因为给出了横坐标的值，所以图 5-1b 的横坐标是正确的。

● xlabel、ylabel、title 分别为图形横坐标轴标注函数、纵坐标轴标注函数以及图形标题的标识函数，使用时自变量都是字符型数据。其调用格式分别为：

xlabel(text)　　　 % 在图形的 x 轴下方添加名为"text"的横坐标名称

ylabel(text)　　　 % 在图形的 y 轴左侧添加名为"text"的纵坐标名称

title(text)　　　　 % 在图形上方添加"text"作为图形标题

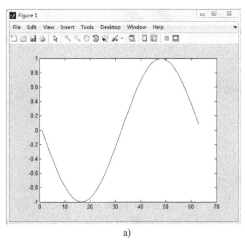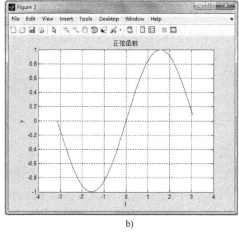

图 5-1　plot 函数绘图结果

一元函数的离散杆状绘图函数是 stem 函数，该函数可绘制一元函数的杆状离散图形。其基本调用格式为：

stem(x,y);　　　　　 % 指定横坐标为 x,纵坐标为 y,按照杆状形式画出数据 y 的值,杆的终端
　　　　　　　　　　　　　 为圆圈

stem(y);　　　　　　 % 将数组 y 的值以杆状形式画出,杆的终端为圆圈。横坐标的取值为 y
　　　　　　　　　　　　　 的各元素的下标

stem(x,y',filled);　 % 指定横坐标为 x,纵坐标为 y,按照杆状形式画出数据序列 y,杆的终端
　　　　　　　　　　　　　 为实心。该调用方式中变量 x,y 也可仅含 y

stem(x,y',LINESPEC);　 % 指定横坐标为 x,纵坐标为 y,按"LINESPEC"指定的线型画出杆状图及
　　　　　　　　　　　　　 其标记。该调用方式中参数 x,y 也可用 y 代替

【例 5.1-2】 stem 函数基本应用举例。

在 M 文件编辑器中输入下列命令，并保存文件为 example51_2.m。

t = -pi:0.1:pi;

```
y = sin(t);
stem(t,y)
```

运行 example51_2. m，结果如图 5-2 所示。

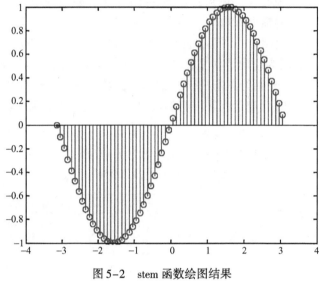

图 5-2   stem 函数绘图结果

5.1.2 绘图标识

若需要将多条曲线绘制在同一图形内，MATLAB 提供了 hold on 命令，该命令可使多次绘图共用同一坐标系。结束后续绘图与之前绘图共用同一坐标系的命令为 hold off。为了区分同一图形的不同曲线，可设置 plot 函数的参数，使不同曲线具有不同颜色、线宽、线型等。

为了能够在 plot 函数中控制曲线的样式，MATLAB 预先设置了不同的曲线样式属性值，分别控制曲线的色彩、线型和标识符，表 5-1 列出了 plot 函数设置曲线样式属性的参数值。本节以例题形式详细讲解表 5-1 中参数的使用方法。

表 5-1   plot 函数设置曲线样式属性的参数值

色彩（color）	说　明	时标（marker）	说　明	线型（linestyle）	说　明
r	红色	+	加号	–	实线
g	绿色	o	圆圈	– –	虚线
b	蓝色	*	星号	–.	点画线
c	青色	.	点	:	点线
m	洋红	x	十字		
y	黄色	s	矩形		
k	黑色	d	菱形		
w	白色	p	五边形		
		h	六边形		
		>	右三角		

（续）

色彩（color）	说　明	时标（marker）	说　明	线型（linestyle）	说　明
		<	左三角		
		v	下三角		
		^	上三角		

【例 5.1-3】 已知 $y = \sin(t)$，$z = \cos(t)$，绘制图形对 y、z 进行比较。

在 M 文件编辑器中输入下列命令，并保存文件为 example 51_3. m。

```
t = - pi:0. 1:pi;
y = sin(t);
z = cos(t);
figure(1),plot(t,y','Linewidth',2)
hold on
plot(t,z','r - ')
xlabel('t')
ylabel('y')
title('正弦与余弦函数')
grid on
hold off
```

运行 example 51_3. m，结果如图 5-3 所示。

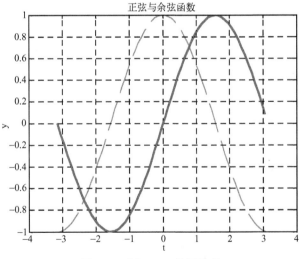

图 5-3　例 5.1-3 绘图结果

说明：

- 程序第 4 行中 plot 函数的调用格式 plot(t,y','Linewidth',2)的第 3 个参数"Linewidth"
  是设置绘制曲线宽度的标识符，第 4 个参数值"2"是要求的绘制曲线的宽度。即该
  次调用 plot 函数要求以宽度为 2 的曲线绘制 y 的图形。
- 该程序中 hold on 命令使当前坐标轴及图形保持而不被刷新，准备接受此后将绘制的
  图形，即 hold on 命令可使多图共存。所以本程序中 hold on 命令之后绘制的图形与第

4 行的 plot(t,y', Linewidth ,2)绘制的图形使用同一坐标系。而 hold off 命令可以结束 hold on 命令的设置。即 hold off 命令使当前坐标轴及图形不再具备不被刷新的性质，新图出现时，覆盖原图。hold on 与 hold off 命令通常成对使用。

- 程序第 6 行中的 plot 函数的调用格式为 plot(t,z', r --)，其中第 3 个参数中的 "r" 表示以红色线绘制曲线，"--"表示绘制曲线的线型为虚线。
- grid on 是图形内虚线方格的绘制命令，图形内绘制虚线方格便于函数值的查看。与 grid on 对应的 grid off 命令是擦除图形内虚线方格的命令。

函数 plot 还可以绘制离散图形，在这种绘图方式下只绘制变量的各个离散点。如例 5.1-4 所示。

【例 5.1-4】已知 $y = \sin(t)$，$z = \cos(t)$，绘制图形对 y、z 进行比较。

在 M 文件编辑器中输入下列命令，并保存文件为 example 51_4. m。

```
t = - pi:0.1:pi;
y = sin(t);
z = cos(t);
figure(1),plot(t,y', Linewidth ,2)
hold on
plot(t,z', r o )
xlabel( t )
ylabel( y )
title( 正弦与余弦函数 )
legend( sin , cos )
hold off
```

运行 example 51_4. m，结果如图 5-4 所示。以下对例 5.1-4 的程序做详细说明。

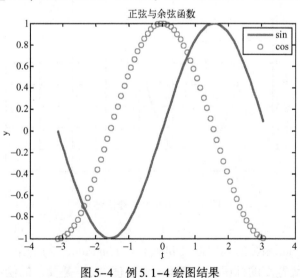

图 5-4   例 5.1-4 绘图结果

- 程序第 6 行的' r o 中 r 的意义与例 5.1-3 中相同，o 表示用圆圈把 t，y 表示的各个数据点画出来，所以程序运行结果中余弦函数的图形是以离散红色圆圈的形式绘制的。
- 图 5-4 右上角的图例是由程序第 10 行的 legend 函数实现的。该函数的功能是在图形上添加图例，以对图形内所画的曲线进行标注，使用时按画图顺序以字符型数据标注各曲线的名称。该函数的常用调用格式为：

legend（'string1'，'string2'，…）　　%用指定的文字 string1，string2，…，分别对当前坐标系中的数
　　　　　　　　　　　　　　　　　　据按绘制的顺序，每一部分显示一个图例

legend（'string'，'Location'，LOC）　　%在指定的位置放置图例 string

参数'Location'是指定图例位置的前导符，其后的下一个参数"LOC"用于指定图例的具体位置，其取值可为：

'North'	坐标轴框内上方
'South'	坐标轴框内底部
'East'	坐标轴框内右边
'West'	坐标轴框内左边
'NorthEast'	坐标轴框内右上方
'NorthWest'	坐标轴框内左上方
'SouthEast'	坐标轴框内右下方
'SouthWest'	坐标轴框内左下方
'NorthOutside'	坐标轴框外接近框的上方的位置
'SouthOutside'	坐标轴框外接近框的下方的位置
'EastOutside'	坐标轴框外接近框的右边的位置
'WestOutside'	坐标轴框外接近框的左边的位置
'Best'	框内最佳位置
'BestOutside'	框外最佳位置

至此，plot 函数绘制单个函数曲线的各种常用调用格式在例题中都已经给出。下面总结一下 plot 函数绘制连续曲线与离散点图形的标识符使用方法。

方法一：

plot(t,y,'r--','Linewidth',2)

其中，t 为横坐标的取值；y 为纵坐标的取值。r 表示绘制颜色为红色的曲线。MATLAB 绘制二维曲线共可以使用 8 种颜色，分别使用的设置参数是：b - 蓝色（默认颜色），r - 红色，g - 绿色，c - 青色，m - 品红，y - 黄色，k - 黑色，w - 白色；"--"表示用虚线绘制曲线。连续曲线的绘制共可使用 4 种不同线型，除虚线以外，还有 -（实线）、-.（点画线）、:（点线）。

方法二：

plot(t,y,'ro','Markersize',10)

其中，o 表示用离散圆圈的形式绘制；t，y 表示数据点。离散数据点绘制共有 13 种符号，分别为 +（十字）、x（叉号）、.（点）、*（星号）、s（方块）、^（向上三角形）、v（向下三角形）、>（向右三角形）、<（向左三角形）、o（圆圈）、d（菱形）、h（六角形）、p（五角形）；'Markersize'是规定绘制的符号的大小的关键词；"10"表示使用 10 号大小的字号绘制 plot 函数指定的符号"o"。

除可以绘制单条函数曲线以外，plot 函数也能实现一次调用绘制多条函数的图形的功

能，下面以同时绘制两个函数的图形为例：

    plot(t1,y,t2,z)；

该调用格式将以 t1 为横坐标值、y 为纵坐标值的曲线与以 t2 为横坐标值、z 为纵坐标值的曲线绘制到同一幅图形中。两条曲线的颜色默认情况下分别为蓝色与绿色。也可自定义两条曲线的颜色与线型。

    plot(t1,y′,ro′,t2,z′,b-)；

该调用格式是用红色离散圆圈的方式绘制以 t1 为横坐标值、y 为纵坐标值的离散点图形。而以蓝色实线的方式绘制以 t2 为横坐标值、z 为纵坐标值的连续曲线。y，z 同样被绘制到同一幅图形中。函数调用使用的参数′ro′和 b-可用前面提到的 plot 可用的任何颜色、线型以及离散数据绘制符号代替。

【例 5.1-5】已知 $y = \sin(t)$，$z = \cos(t)$，绘制图形对 y、z 进行比较。

在 M 文件编辑器中输入下列命令，并保存文件为 example 51_5.m。

    t1 = 0:0.1:2 * pi；
    y = sin(t1)；
    t2 = - pi:0.1:pi；
    z = cos(t2)；
    figure(1),plot(t1,y,t2,z)
    legend('sin','cos')

运行 example 51_5.m，结果如图 5-5 所示。

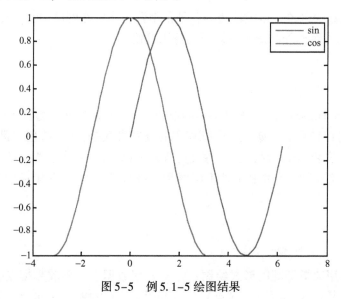

图 5-5　例 5.1-5 绘图结果

在 title、xlabel、ylabel 等标注图形的函数中，说明文字除使用标准的 ASCII 字符外，还可以添加希腊字母、数学符号及斜体、粗体文字等。其方法是使用字符转义符（带"\"的字符串）。如用"\bf"可设置显示的字体为粗体字，"\it"可设置字体为斜体字，"_"可设置下标显示形式，"^"可设置上标显示形式。其他常用的转义字符及其代表的符号如表 5-2 所示。

表 5-2　转义字符

函 数 字 符	代 表 符 号	函 数 字 符	代 表 符 号	函 数 字 符	代 表 符 号
\alpha	α	\upsilon	υ	\sim	~
\beta	β	\phi	φ	\leq	≤
\gamma	γ	\chi	χ	\infty	∞
\delta	δ	\psi	ψ	\clubsuit	♣
\epsilon	ε	\omega	ω	\diamondsuit	◆
\zeta	ζ	\Gamma	Γ	\heartsuit	♥
\eta	η	\Delta	Δ	\spadesuit	♠
\theta	θ	\Theta	Θ	\leftrightarrow	↔
\vartheta	ϑ	\Lambda	Λ	\leftarrow	←
\iota	ι	\Xi	Ξ	\uparrow	
\kappa	κ	\Pi	Π	\rightarrow	→
\lambda	λ	\Sigma	Σ	\downarrow	↓
\mu	μ	\Upsilon	Υ	\circ	°
\nu	ν	\Phi	Φ	\pm	±
\xi	ξ	\Psi	Ψ	\geq	≥
\pi	π	\Omega	Ω	\propto	∝
\rho	ρ	\forall	∀	\partial	∂
\sigma	σ	\exists	∃	\bullet	•
\varsigma	ς	\ni	∋	\div	÷
\tau	τ	\cong	≅	\neq	≠
\equiv	≡	\approx	≈	\aleph	ℵ
\Im		\Re	ℜ	\wp	℘
\otimes	⊗	\oplus	⊕	\oslash	∅
\cap	∩	\cup	∪	\supseteq	⊇
\supset	⊃	\subseteq	⊆	\subset	⊂
\int	∫	\in	∈	\o	ο
\rfloor	⌋	\lceil	⌈	\nabla	∇
\lfloor	⌊	\cdot	.	\ldots	...
\perp	⊥	\neg	¬	\prime	′
\wedge	∧	\times	×	\0	∅
\rceil	⌉	\surd	√	\mid		
\vee	∨	\varpi	ϖ	\copyright	©
\langle	〈	\rangle	〉		

【例 5.1-6】画出函数 $y_1 = \alpha_1^2 + 5\alpha_1 + 3$ 的图形，并求 $y_1 = 0$ 的根。

在 M 文件编辑器中输入下列命令，并保存文件为 example 51_6. m。

```
t1 = -6:0.1:1;
y1 = t1.^2 + 5 * t1 + 3;
p = [1,5,3];
t = roots(p);
```

```
plot( t1 ,y1)
xlabel( '{\it{\alpha}}_{1}' )
ylabel( '{\it{y}}_{1}' )
title( '{\it{y}}_{1} = {{\it{\alpha}}_{1}}^{2} +5{\it\alpha}_{1} +3' )
grid on
hold on
m = length( t) ;
for i = 1 :m
    text( t( i) , -0. 5 ,num2str( t( i) ) ) ;        % 在图形上显示两个根
end
```

该程序调用了 text 函数将 y1 = 0 的根写到图形中，该函数的基本调用格式为：

```
text( x,y','string' ) ;          % 在图形中指定的位置( x,y) 上显示字符串 string
text( x,y,z','string' ) ;        % 在三维图形空间中的指定位置( x,y,z) 上显示字符串 string
```

运行 example 51_6. m，命令窗中显示：

函数的根等于
-4. 3028
-0. 6972

程序运行后画出的图形如图 5-6 所示。在图形的 x、y 轴标识中用到的斜体字母及其下标、图形标题中用到的上下标形式都是用转义字符实现的。

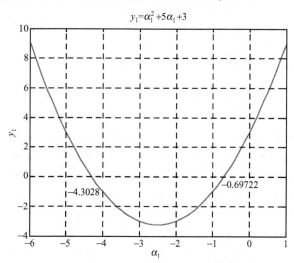

图 5-6　例 5.1-6 程序产生的图形

5.1.3　图形窗口分割

MATLAB 提供了图形窗口分割函数 subplot，用于将图形的窗口分割成多幅子图。若图形包含 6 个子图，各子图排列方法有 4 种：第一种是一共分为 3 行，每行 2 个子图；第二种是一共分为 2 行，每行 3 个子图；还可以是 6 行 1 列或 1 行 6 列的排列方法。各子图按先排第一行的子图，再排第二行的子图的顺序进行排列。例如，前两种方法建立的第 4 幅子图分别位于图

形的第 2 行第 2 列和第 2 行第 1 列。上述 4 种方法建立第 4 幅子图的命令分别有两种：

一种是

subplot(324),subplot(234),subplot(614),subplot(164)

另一种是

subplot(3,2,4),subplot(2,3,4),subplot(6,1,4),subplot(1,6,4)

即 subplot 函数的基本调用格式为：

subplot(m,n,p)

或

subplot(mnp)

两种方法都表示将一幅分为 m × n 个（m 行 n 列）子图的图形的第 p 个子图画出。

【例 5.1-7】 函数 subplot 应用举例。

在 M 文件编辑器中输入下列命令，并保存文件为 example 51_7. m。

```
t = 0:0.1:10;
x = sin(t);
y = exp(t);
z = (t-5).^2;
m = sqrt(t);
figure(1),
subplot(221),plot(t,x),title('正弦函数')
subplot(222),plot(t,y),title('自然指数')
subplot(223),plot(t,z),title('抛物线')
subplot(224),plot(t,m),title('平方根')
```

程序运行结果如图 5-7 所示。

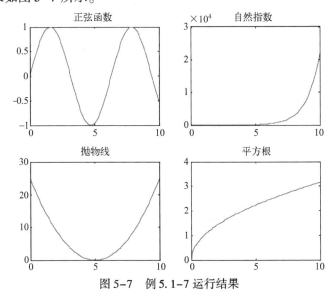

图 5-7　例 5.1-7 运行结果

【例5.1-8】 将例题5.1-7中的4个函数绘制成排列为一行的4个子图。

在 M 文件编辑器中输入下列命令，并保存文件为 example 51_8. m。

```
t = 0:0.1:10;
x = sin(t);
y = exp(t);
z = (t - 5).^2;
m = sqrt(t);
figure(1),
subplot(141),plot(t,x),title( 正弦函数 )
subplot(142),plot(t,y),title( 自然指数 )
subplot(143),plot(t,z),title( 抛物线 )
subplot(144),plot(t,m),title( 平方根 )
```

程序运行结果如图5-8所示。

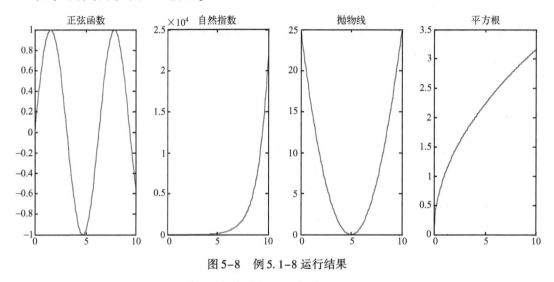

图5-8　例5.1-8 运行结果

5.1.4　坐标系调整

在调用 plot 或 stem 对某一函数绘图时，MATLAB 根据调用时给出的自变量与函数值自动计算横、纵坐标轴的取值范围。同时 MATLAB 也提供函数 axis 帮助编程者根据需要自己调整坐标轴取值范围。函数 axis 的基本调用方法如下：

```
axis([xmin,xmax,ymin,ymax]);   % 使图形的 x 轴最小坐标为 xmin,最大坐标为 xmax。y 轴的最
                                    小坐标为 ymin,最大坐标为 ymax
axis auto;                      % 使用 MATLAB 自动给出的图形坐标
axis tight;                     % 使图形坐标系坐标的最小值、最大值与数据范围相同
axis equal;                     % 使图形坐标系 x 轴与 y 轴坐标的单位刻度相同
axis image;                     % 兼具 axis tight 与 axis equal 的功能
axis off;                       % 不显示图形的坐标系
axis on;                        % 显示图形的坐标系(默认设置)
```

【例 5.1-9】 函数 axis 应用举例。

在 M 文件编辑器中输入下列命令，并保存文件为 example 51_9.m。

```
Ts = 0. 02 * pi;
t = 0:Ts:2 * pi;
x = sin(t);
ty = t(1:50);
y = x(1:50);
subplot(241),plot(t,x),
subplot(242),plot(t,x),axis tight
title( axis tight )
subplot(243),plot(t,x),axis([0,7, -1.5,1.5])
title( axis defined by programmer )
subplot(244),plot(ty,y),axis equal
title( axis equal )
subplot(245),plot(t,x),axis image
title( axis image )
subplot(246),plot(t,x),axis off
title( axis off )
subplot(247),plot(t,x),axis on
title( axis on )
subplot(248),plot(t,x),axis auto
title( axis auto )
```

运行 example 51_9.m，结果如图 5-9 所示。图中第 1 幅子图是不对坐标加任何限制时，MATLAB 的自动绘图结果。从第 2 幅子图结果可知，应用 axis tight 命令后，横坐标轴与纵坐标轴的坐标范围分别恰好等于自变量 t、函数值 x 的取值范围。第 3 子幅图的坐标由 axis 函

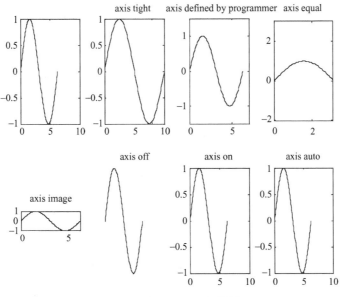

图 5-9　例 5.1-9 运行结果

数自定义坐标范围的方法确定，横坐标轴取值范围 $0 \sim 7$，纵坐标轴的取值范围为 $-1.5 \sim 1.5$。第 4 幅子图应用 axis equal 命令使横、纵坐标轴坐标的单位刻度相同。而第 5 幅子图的横、纵坐标轴坐标的单位刻度相同且两坐标轴的坐标范围也分别与自变量 t、函数值 x 的取值范围相同，所以 axis image 兼具 axis tight 与 axis equal 的功能。第 6 幅子图没有坐标轴，因为应用了 axis off 命令将该子图的坐标轴关闭。应用 axis on 与 axis auto 命令的结果是图形的坐标系坐标与第一幅子图相同。

5.1.5 绘制三维图形

因为球面、锥面等曲面的图形用二维绘图函数无法绘制，所以 MATLAB 提供了绘制曲面的三维绘图函数。例如对于方程 $Z - (x-1)^2 + (y-2)^2 = 0$，若自变量 x、y 的取值范围分别为 $[-2,3]$、$[-1,5]$，Z 的取值可根据 x、y 的值求解。但从图形绘制的角度来讲，三维图形中自变量 x、y 的取值分布在一个二维平面上，所以三维绘图时首先要将自变量 x、y 的一维向量取值转换为二维矩阵。实现该转换的函数是 meshgrid，其调用格式为：

$$[X,Y] = meshgrid(x,y);$$

其中，输入 x，y 为自变量的取值范围，都属于一维数组；输出 X，Y 是根据自变量 x，y 的值转换得到的二维矩阵，其值即为自变量 x，y 在二维平面内的取值。

【例 5.1-10】 绘制函数 $Z - (x-1)^2 + (y-2)^2 = 0$ 在 $x \in [-2,4], y \in [-1,5]$ 范围内的图形。

解：1）给 x、y 取值。首先将 x，y 的值取为

```
>> x = -2:4;
>> y = -1:5;
```

2）转换为二维平面值。要绘制题目中所给函数的图形，需将 x、y 的一维坐标值转换为它们在二维平面内的对应值。代码如下：

```
>> [X,Y] = meshgrid(x,y)
```

计算得到的 X，Y 值为

```
X =
    -2    -1     0     1     2     3     4
    -2    -1     0     1     2     3     4
    -2    -1     0     1     2     3     4
    -2    -1     0     1     2     3     4
    -2    -1     0     1     2     3     4
    -2    -1     0     1     2     3     4
    -2    -1     0     1     2     3     4
Y =
    -1    -1    -1    -1    -1    -1    -1
     0     0     0     0     0     0     0
     1     1     1     1     1     1     1
     2     2     2     2     2     2     2
```

3	3	3	3	3	3	3
4	4	4	4	4	4	4
5	5	5	5	5	5	5

3）计算 Z 的值并绘图。先将 X，Y 具有相同下标的元素逐一对应，计算 Z 的取值。然后再使用三维网眼绘图函数 mesh 或曲面绘图函数 surf 实现题目要求的绘图。这两个函数的常用调用方法为 mesh(X,Y,Z) 与 surf(X,Y,Z)。其中 X，Y，Z 是方程的自变量。

在 M 文件编辑器中输入下列命令，并保存文件为 example 51_10. m。

```
x = -2:4;
y = -1:5;
[X,Y] = meshgrid(x,y);
Z = -(X-1).^2 - (Y-2).^2;
mesh(X,Y,Z)
xlabel( 'x' ),ylabel( 'y' ),zlabel( 'z' )
axis tight
figure,surf(X,Y,Z)
xlabel( 'x' ),
ylabel( 'y' ),
zlabel( 'z' ),
axis tight
```

运行 example 51_10. m，结果如图 5-10 所示。mesh 函数画出网眼图，而 surf 函数画出曲面图。网眼图的曲线颜色随 Z 值变化。而曲面图中曲面的颜色随 Z 值变化。

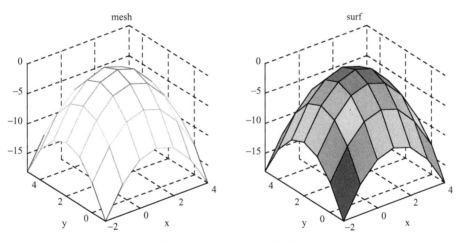

图 5-10　例 5. 1-10 运行结果

MATLAB 提供了计算单位球面的三个坐标的数值的函数 sphere，以便于绘制球面的曲面或网眼图，其调用格式为：

[X,Y,Z] = sphere(N)；　%输出 X,Y,Z 分别为 (N+1)×(N+1) 的单位球面的坐标矩阵

【例 5. 1-11】绘制半径为 1 和 2 的球面图形。

解：在 M 文件编辑器中输入下列命令，并保存文件为 example 51_11. m。

```
[X,Y,Z] = sphere(50);
surf(X,Y,Z)                    %球面半径为1
surf(2 * X,2 * Y,2 * Z)        %球面半径为2
```

运行 example 51_11. m，结果如图 5-11 所示。

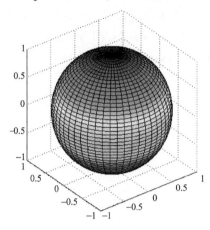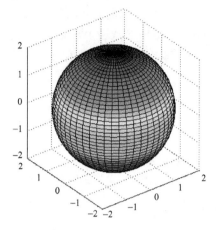

图 5-11　不同半径的球面

MATLAB 提供了在三维空间绘制曲线的函数 plot3。该函数的使用方法类似于 plot 函数，都是通过点来绘制曲线，plot 通过二维点集来绘制曲线，plot3 则是通过在三维空间的点集来绘制曲线。

plot3 的调用格式为：

```
plot3(x,y,z);
```

其中，x，y，z 为相同维数的向量，分别存储各个点坐标。plot3 函数对曲线属性的设置和 plot 函数相同。

【例 5.1-12】plot3 函数应用举例。

在 M 文件编辑器中输入下列命令，并保存文件为 example 51_12. m。

```
t = 0:pi/10:10 * pi;
x = sin(t);
y = cos(t);
plot3(x,y,t)
```

运行 example 51_12. m，结果如图 5-12 所示。

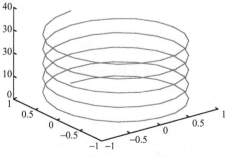

图 5-12　例 5.1-12 运行结果

5.1.6　绘制符号数据的图形

1. ezplot 函数

符号函数和隐函数图形的绘制不能使用 plot 函数，MATLAB 自带的符号函数与隐函数的二维图形绘制函数为 ezplot。其基本调用方法有以下几种。

> ezplot(f);

该语句是在默认区间 $-2\pi < x < 2\pi$ 上绘制函数 $f = f(x)$ 的图形，f 可为符号函数、匿名函数或字符串表示的函数表达式；或在默认区间 $-2\pi < x < 2\pi$，$-2\pi < y < 2\pi$ 内绘制隐函数 $f(x,y) = 0$ 的图形。

> ezplot(f,[a,b]);

该语句是在区间 $a < x < b$ 内绘制函数 $f = f(x)$ 的图形。

> ezplot(f,[a,b,c,d]);

该语句是在区间 $a < x < b$，$c < y < d$ 内绘制隐函数 $f(x,y) = 0$ 的图形。

> ezplot(x,y);

该语句是绘制以 x 为横坐标、y 为纵坐标的曲线，其中 x、y 都是函数且它们的自变量相同，即 $x = x(t)$，$y = y(t)$。曲线绘制时 t 的默认取值范围为 $(0,2\pi)$。

> ezplot(x,y,[tmin,tmax]);

该语句是绘制以 x 为横坐标、y 为纵坐标绘制曲线，其中 $x = x(t)$，$y = y(t)$，绘制图形时 t 的取值范围为：$tmin < t < tmax$。

【例 5.1–13】ezplot 函数应用举例。

在 M 文件编辑器中输入下列命令，并保存文件为 example 51_13. m。

```
clear
syms x y t
f1 = (x - 1)^2/5;
f2 = (x - 1)^2 + x * y;
x1 = sin(t);
y1 = cos(t);
figure(1),
subplot(231),ezplot(f1)
subplot(232),ezplot(f2)
subplot(233),ezplot(x1,y1)
subplot(234),ezplot(f1,[ - 9 10])
subplot(235),ezplot(f2,[ - 10 10 - 5 5])
subplot(236),ezplot(x1,y1,[ - pi/2 pi/2])
```

运行 example 51_13. m，结果如图 5-13 所示。

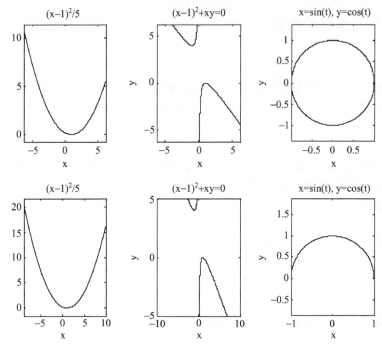

图 5-13　函数 ezplot 应用举例

2. ezsurf 函数

与数值型三维曲面和网眼绘图函数类似，MATLAB 自带的绘制符号函数的曲面图与网眼图的函数分别为 ezsurf 与 ezmesh。ezsurf 函数的基本调用格式为：

　　ezsurf(f);

该语句是绘制 f 的曲面图，$f = f(x,y)$ 可以是隐函数、符号函数或字符串形式的函数表达式。

　　ezsurf(f,[a,b,c,d]);

该语句是在指定的区间 $a < x < b$，$c < y < d$ 上绘制函数 f 的曲面图形。

　　ezsurf(x,y,z);

该语句是分别以 x、y、z 作为三维图形的坐标绘制曲面图形。x、y、z 都是以 s 与 t 为自变量的函数。

　　ezsurf(x,y,z,[a,b,c,d]);

该语句是在指定的区间 $a < s < b$，$c < t < d$ 上绘制以 x、y、z 为坐标的曲面图形，x、y、z 都是以 s 与 t 为自变量的函数。

函数 ezmesh 的基本调用格式与 ezsurf 函数的基本调用格式相同。

【例 5.1-14】函数 ezsurf 与 ezmesh 应用举例。

在 M 文件编辑器中输入下列命令，并保存文件为 example 51_14. m。

```
clear
syms x y s t
f1 = ( x − 1)^2/5 + ( y − 3)^2/16;
x1 = sin( s) + cos( t);
y1 = sin( s) * cos( t);
z1 = sin( s);
figure( 1),
subplot( 221),ezsurf( f1)
subplot( 222),ezsurf( x1,y1,z1)
subplot( 223),ezmesh( f1)
subplot( 224),ezmesh( x1,y1,z1)
```

运行 example 51_14. m，结果如图 5-14 所示。

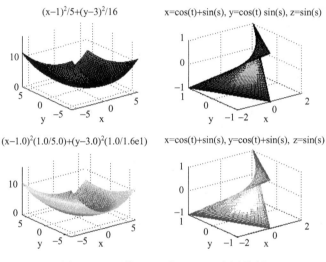

图 5-14　函数 ezsurf 与 ezmesh 应用举例

5.2　图像

在 MATLAB 中图像的数据以矩阵表示。对灰度图像，表示图像数据的矩阵的各元素值等于图像中各像素的灰度值。矩阵的第一行第一列的元素值等于图像左上角的第一个像素的灰度值，图像中其他像素的灰度值也恰好存储在矩阵的对应位置上，所以利用矩阵存储图像数据，能够方便地查看、处理图像各像素的数值。

5.2.1　图像的类别

MATLAB 图像工具箱支持对 4 种类型的图像进行处理，分别为灰度图像、二值图像、索引图像与 RGB 彩色图像。其中索引图像与 RGB 彩色图像都是 MATLAB 表示彩色图像的方法。

灰度图像也称为亮度图像，使用二维矩阵表示。灰度图像各像素的灰度范围通常取为

$[0,255]$，灰度值数值越大，表明像素的亮度越高。灰度最小值 0 表示黑色，最大值 255 表示白色。如图 5-15a 所示为 baboon 灰度图像，在图中标注出的块是 10×10 的矩形块，块内各像素的灰度值如式（5-1）的矩阵 I 所示。

$$I = \begin{bmatrix} 68 & 58 & 25 & 45 & 43 & 55 & 63 & 36 & 44 & 33 \\ 40 & 35 & 34 & 155 & 63 & 95 & 133 & 118 & 115 & 123 \\ 42 & 50 & 120 & 95 & 90 & 131 & 126 & 132 & 112 & 126 \\ 38 & 45 & 174 & 74 & 108 & 130 & 130 & 128 & 144 & 144 \\ 37 & 42 & 184 & 102 & 124 & 136 & 113 & 136 & 138 & 22 \\ 29 & 46 & 178 & 92 & 117 & 137 & 119 & 121 & 145 & 145 \\ 48 & 38 & 176 & 68 & 108 & 124 & 126 & 125 & 146 & 143 \\ 37 & 33 & 133 & 107 & 122 & 124 & 143 & 129 & 119 & 137 \\ 50 & 48 & 51 & 169 & 63 & 121 & 132 & 143 & 141 & 142 \end{bmatrix} \tag{5-1}$$

二值图像一般意义上是指只有纯黑与纯白两种颜色的图像。即二值图像的像素值只有 0 或 1 两个值。其中灰度值 0 表示黑色，而灰度值 1 表示白色。图 5-15b 为将图 5-15a 的 baboon 图像做二值化处理后的结果。二值图像在图像区域分割等领域中有重要应用。

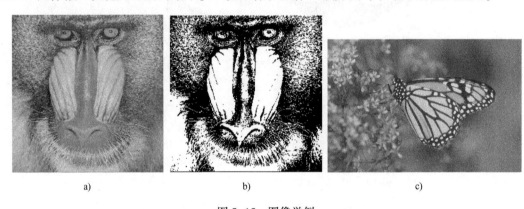

a)　　　　　　　　　　　　b)　　　　　　　　　　　　c)

图 5-15　图像举例

a) baboon 图像　b) baboon 图像的二值化图像　c) RGB 图像

RGB 图像是 MATLAB 图像处理工具箱中彩色图像的表示方法之一。根据三基色原理，任何一种色彩都可用红色（R）、绿色（G）和蓝色（B）这三种基色的线性组合表示。根据该原理，RGB 图像使用三个矩阵来表示彩色图像，这三个矩阵分别为彩色图像的 R 分量图像矩阵、G 分量图像矩阵与 B 分量图像矩阵。在这种表示方法中，每个像素的色彩等于三个分量矩阵对应位置的值的线性组合。若彩色图像是 M 行 N 列的，则 RGB 图像需要 3 个 $M \times N$ 矩阵的存储空间。图 5-15c 所示彩色图像的矩形标注块的 1~3 行、1~3 列的 R 分量、G 分量与 B 分量图像矩阵的值分别为：

$$R = \begin{bmatrix} 111 & 113 & 111 \\ 114 & 113 & 111 \\ 113 & 111 & 106 \end{bmatrix}, G = \begin{bmatrix} 83 & 86 & 82 \\ 87 & 86 & 82 \\ 86 & 83 & 78 \end{bmatrix}, B = \begin{bmatrix} 52 & 54 & 53 \\ 55 & 54 & 53 \\ 54 & 52 & 49 \end{bmatrix} \tag{5-2}$$

索引图像是 MATLAB 表示彩色图像的另一种方法。索引图像包含图像数据矩阵 x 与色彩索引矩阵 map 两部分。色彩索引矩阵是一个 $n \times 3$ 的矩阵，该矩阵的每一行代表一种颜色，n 表示该索引图像能够表示的颜色的数量。而每行的 3 个元素分别代表一种色彩的 R、G、B 三基色的数值。数据矩阵 x 的各元素的数值等于其颜色在色彩索引矩阵中的索引。若图像像素的色彩与色彩索引矩阵 map 的第 m 行表示的颜色相同，则在数据矩阵 x 中，此元素的值即为 m。

5.2.2　图像的显示与读写

读取图像的数据后，才能对图像进行各种运算处理以及显示。MATLAB 提供的图像数据的读取函数为 imread，显示图像的函数为 imshow。

imread 函数的调用方法有以下几种。

> I = imread(file);

其中，file 为要读取的图像的名称，该名称要包含图像的格式；当要读取的图像不在当前的工作目录中时，要指明图像所在的目录。

> imshow(I);

该调用形式显示图像 I，其中，I 可以为灰度图像、二值图像与彩色图像。

> imshow(X,MAP);

该调用形式显示索引图像 X。其中，X 为图像的数据矩阵，MAP 为图像的色彩索引矩阵。

【例 5.2-1】 将图 5-15a 所示的灰度图像进行二值化处理。

在 M 文件编辑器中输入下列命令，并保存文件为 example 52_1. m。

```
close all
I = imread( baboon. bmp );
imshow( I )
line( [75 84],[25 25], Linewidth ,3)
line( [75 75],[25 34], Linewidth ,3)
line( [75 84],[34 34], Linewidth ,3)
line( [84 84],[34 25], Linewidth ,3)
E = im2bw( I );
figure,imshow( E )
```

以上程序调用了画线函数 line，标识出图 5-15a 中选择的图像块，该函数调用格式为：

> line([x_1,x_2],[y_1,y_2]);

其中，x_1 为线段的 x 轴起始坐标；y_1 为线段的 y 轴起始坐标；x_2 为线段的 x 轴终止坐标；y_2 为线段的 y 轴终止坐标。

程序中 im2bw 函数应用阈值法将灰度图像 I 转换为二值图像，因此 E 为 baboon 图像的二值化图像，其显示结果如图 5-15b 所示。使用函数 im2bw 时，首先设置一个阈值，然后将大于阈值的灰度值全部取为 255，而将小于阈值的灰度值全部取为 0。例如，若数据 $a = [50,232;0,130]$，设定阈值为 120，则 a 的二值化结果为 $[0,255;0,255]$。im2bw 函数对灰度图像、RGB 图像与索引图像的二值化方法分别为：

$$bw = im2bw(I, level);$$
$$bw = im2bw(RGB, level);$$
$$bw = im2bw(X, map, level);$$

三种方法中参数 level 的作用相同，都用来设定阈值，它的取值范围为 $[0,1]$，缺省时 MATLAB 自动计算阈值。当图像像素的取值范围是 $0 \sim 255$、设定的阈值为 0.5 时，实际阈值等于 $255 * 0.6 = 153$。

本例题运行后，显示结果如图 5-15a 和图 5-15b 所示，分别为 baboon 图像与其二值化图像。

【例 5.2-2】RGB 图像与索引图像读取与显示举例。

在 M 文件编辑器中输入下列命令，并保存文件为 example 52_2. m。

```
[X, map] = imread( trees. tif );
figure(1),
subplot(121), imshow(X, map)
title( 索引图像 )
I = imread( monarch. bmp );
subplot(122), imshow(I)
title( RGB 图像 )
```

程序首先读取索引图像 trees. tif 并对它进行显示，然后读取 RGB 图像 monarch. bmp 并对它进行显示，运行结果如图 5-16 所示。

索引图像   RGB图像

图 5-16 索引图像与 RGB 图像

在 MATLAB 中要将图像数据写入到图像文件中并存储在磁盘上，可使用 imwrite 函数。常用的 imwrite 函数的使用方法为：

$$imwrite(I, filename);$$

该命令将矩阵 I 存储为图像文件 filename，且 filename 必须包含扩展名，扩展名表明了要生成的图像的格式。图像格式可以为 bmp、hdf、jpg、jpeg、png、tif、tiff 等。

$$imwrite(X, map, filename);$$

该命令用于存储索引图像。其中 X 是图像数据矩阵，而 map 是图像色彩索引矩阵。应用该命令，在硬盘上生成图像文件时将指定的图像颜色索引和图像数据一起写入图像文件

filename 中。

> imwrite(I, filename. jpg , quality ,q);

该命令只适用于将 I 保存为 JPEG 图像。其中 q 为图像质量因数，其数值为 0 ~ 100 之间的整数。q 值越大，生成的图像质量越高。

【例 5.2-3】 将例 5.2-1 中的 baboon 图像分别存储为 png、tiff 与 jpg 格式的图像。

在 M 文件编辑器中输入下列命令，并保存文件为 example 52_3. m。

```
I = imread( baboon. bmp );
imwrite(I, baboontp. png )
imwrite(I, baboontt. tif )
imwrite(I, baboontj. jpg , quality ,90)
imwrite(I, baboontj1. jpg , quality ,10)
J = imread( baboontj. jpg );
J1 = imread( baboontj1. jpg );
subplot(121),imshow(J),title( quality =90 )
subplot(122),imshow(J1),title( quality =10 )
```

程序运行后，将新生成的 baboontp. png、baboontt. tif、baboontj. jpg 与 baboontj1. jpg 四幅图像存储在 MATLAB 的当前工作目录中。图 5-17 为分别以质量因数 90 与 10 存储 jpg 图像时，两者图像质量的比较。

quality=90　　　　　　　　　quality=10

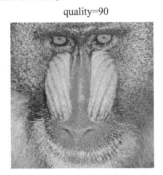

图 5-17　JPG 图像写入结果比较

图像 I 的第 i 行第 j 列的像素值用 $I(i,j)$ 表示，所以对该像素处理时提取 $I(i,j)$ 进行处理即可。而要提取图像中某一区域内像素的数据可用图像裁剪函数 imcrop，该函数的基本调用格式有以下几种。

> I2 = imcrop(I,[XMIN YMIN WIDTH HEIGHT]);

该调用格式从灰度图像或 RGB 图像 I 中裁剪列数为 WIDTH + 1，行数为 HEIGHT + 1 的矩形区域赋值给 I2，且该矩形区域左上角元素等于 $I(YMIN,XMIN)$，即 $I2(1,1) = I(YMIN, XMIN)$。

> X2 = imcrop(X,map,[XMIN YMIN WIDTH HEIGHT]);

该调用格式从索引图像 X 中裁剪列数为 WIDTH + 1，行数为 HEIGHT + 1 的矩形区域赋值给 X2，且 X2(1,1) = X(YMIN,XMIN)。

　　　　I2 = imcrop(I);

该调用格式将灰度图像或 RGB 图像 I 显示在一个图像窗口中，并允许用户以交互方式使用鼠标选定剪切的区域赋值给 I2。

　　　　X2 = imcrop(X,map);

该调用格式将索引图像 X 显示在一个图像窗口中，并允许用户以交互方式使用鼠标选定要剪切的区域赋值给 I2。

【例 5.2-4】 提取 baboon 图像脸部主要器官构成的图形。

在 M 文件编辑器中输入下列命令，并保存文件为 example 52_4.m。

```
I = imread( baboon.bmp );
I1 = imcrop(I);                       %交互式矩形区域裁剪
figure,imshow(I1)
I2 = imcrop(I,[75 25 110 50]);        %从图像的25行75列元素开始,裁剪50行,110列的矩形块
I3 = I(25:75,75:185);                 %从图像的25行75列元素开始,提取50行,110列的矩形块
find((I2(:) - I3(:)) ~ =0)
figure(2),
subplot(121),imshow(I2)
subplot(122),imshow(I3)
```

按程序运行快捷键〈F5〉，程序运行后，光标移动到图像上会变成"十"字，将该"十"字移动到要裁剪的图像矩形块的一角，按住鼠标左键拖出一矩形框，如图 5-18a 所示。矩形框内的图形即选中的裁剪图形。单击鼠标右键，选择图 5-18b 中的 Crop Image 即可完成选择图形的裁剪。裁剪得到的图形如图 5-18c 所示，其灰度值存储在矩阵 I1 中。程序第 4 行与第 5 行的定坐标裁剪得到的图形如图 5-19 所示。

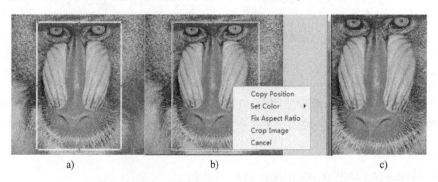

a)　　　　　　　　　b)　　　　　　　　　c)

图 5-18　imcrop 交互式裁剪过程

 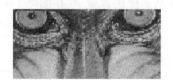

图 5-19　imcrop 定坐标裁剪

程序运行后命令窗口显示：

> > ans =
>
>   Empty matrix：0 – by – 1

这表明程序运行后 I2 与 I3 各元素的数值完全相同，即两种图像矩形区域截取方法相同。

5.2.3   图像的直方图

图像的灰度直方图是对图像中所有像素按其灰度值的大小，统计其出现的频率。所以图像的灰度直方图表示图像中具有某种灰度级的像素的个数，它反映了图像中各灰度出现的频率，其横坐标是灰度值，纵坐标表示具有该灰度值的像素的个数或是其出现的频率。数字图像灰度直方图的统计方法是遍历图像中所有像素，统计灰度值相同的像素的个数。

【例 5.2-5】统计 MATLAB 2010 自带图像 rice 的灰度分布。

在 M 文件编辑器中输入下列命令，并保存文件为 example 52_5.m。

```
I = imread( rice. png );
[ m,n ] = size( I );
Y = double( I );
garydis = zeros( 256,1 );
for i = 1:m
    for j = 1:n
        x = Y( i,j );                    % Y 的灰度值都是整数
garydis( x + 1 ) = garydis( x + 1 ) + 1;
    end
end
garydis = garydis/( m * n );
figure( 1 ),
subplot( 121 ),imshow( I )
subplot( 122 ),bar( garydis ),axis tight
xlabel( 灰度 )
ylabel( 频率 )
```

程序调用了条形图绘制函数 bar 绘制直方图。函数 bar 的基本调用格式为：

    bar(x,y);

该调用格式以元素值单调递增或递减的 x 为横坐标值，以 y 为纵坐标值绘制条形图。

    bar(x,y,width);

该调用格式绘制条形图时指定每个直方条的宽度。当 width > 1 是，相邻直方条会重叠，默认值为 width = 0.8。

运行 example 52_5.m，结果如图 5-20 所示。从图中可知，rice 图像在灰度值 50、120 与 180 左右有三个波峰，而在灰度值 80 与 150 处有两个波谷。该例题计算图像的灰度分布方法是一个灰度值划分为一个灰度等级，而更为实用的图像灰度分布分析方法可任意指定整

个图像的灰度等级数或可任意指定划分灰度区间的灰度间隔。

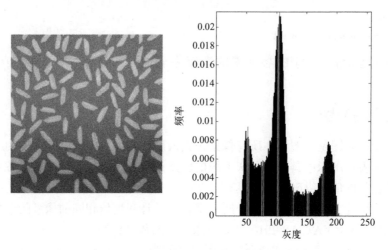

图 5-20　灰度直方图

【例 5. 2-6】以指定图像灰度等级的方法分析 rice 图像的灰度分布。
在 M 文件编辑器中输入下列命令，并保存文件为 example 52_6. m。

```
I = imread( rice. png );
k = input( 请输入灰度级数! );
[ m,n ] = size( I );
Y = double( I );
miny = min( Y( : ) );
maxy = max( Y( : ) );
inte = ( maxy - miny )/k;
garydis = zeros( 1,k );
inter = [ ];
for i = 1:k
    inter = [ inter miny + inte * i ];
end
for i = 1:m
    for j = 1:n
        s = find( Y( i,j ) <= inter );
garydis( s( 1 ) ) = garydis( s( 1 ) ) + 1;
    end
end
garydis = garydis/( m * n );
figure( 1 ),
subplot( 121 ),imshow( I )
x = [ miny,miny + ( 1:k - 1 ) * inte ];
subplot( 122 ),bar( x,garydis,0. 9 ),axis tight
xlabel( 灰度 )
```

ylabel('频率')

程序运行后，命令窗口显示：

>> 请输入灰度级数：

输入要求的灰度直方图的灰度级数，例如 10，然后按回车键，可得程序运行结果，如图 5-21 所示。

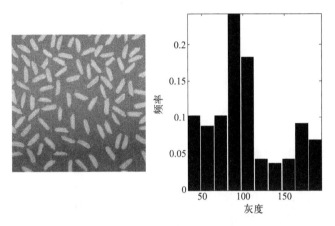

图 5-21　灰度级数固定的灰度直方图

图像灰度分布分析方法也可采用指定灰度间隔的方法，如例 5.2-7 所示。

【例 5.2-7】以指定灰度等级的方法分析 rice 图像的灰度分布。

在 M 文件编辑器中输入下列命令，并保存文件为 example 52_7.m。

```
clear
I = imread('rice.png');
k = input('请输入灰度间隔!');
[m,n] = size(I);
Y = double(I);
miny = min(Y(:));
maxy = max(Y(:));
q = ceil((maxy - miny - 1)/k);
garydis = zeros(1,q);
inter = [];
for i = 1:q
    inter = [inter miny - 1 + i * k];
end
for i = 1:m
    for j = 1:n
        s = find(Y(i,j) <= inter);
garydis(s(1)) = garydis(s(1)) + 1;
    end
end
```

```
garydis = garydis/(m * n);
figure(1),
subplot(121),imshow(I)
x = miny + (1:q) * k;
subplot(122),bar(x,garydis,0.8),axis tight
xlabel(灰度)
ylabel(频率)
```

程序运行后，命令窗口显示：

>> 请输入灰度间隔：

输入要求的灰度直方图的灰度间隔，例如 5，然后按回车键，可得程序运行结果，如图 5-22 所示。

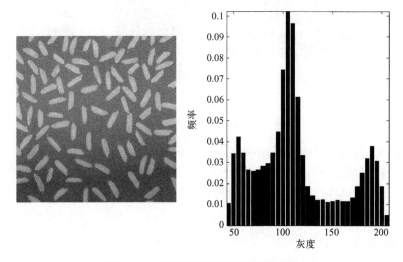

图 5-22　灰度间隔固定的灰度直方图

灰度直方图可以应用于图像的二值化处理以及图像增强等领域。例 5.2-8 与例 5.2-9 分别为根据灰度直方图增强图像对比度与对图像进行二值化处理的例子。

【例 5.2-8】根据灰度直方图增强 rice 图像的对比度。

根据 rice 图像和例 5.2-5 ~ 5.2-7 的分析，由于 rice 图像米粒稀少，图像中大部分像素为灰度值很小的灰黑色，所以这部分像素的灰度值对应灰度直方图中最大波峰的灰度值 120。因此以灰度值 120 为阈值，将灰度小于该值的像素的灰度值设为 0，以增加图像的对比度。在 M 文件编辑器中输入下列命令，并保存文件为 example 52_8.m。

```
clear
clc
I = imread(rice.png);
[m,n] = size(I);
for i = 1:m
    for j = 1:n
        if I(i,j) > 120
```

```
                    Y(i,j) = I(i,j);
            else
                    Y(i,j) = 0;
            end
        end
end
figure(1),
subplot(121),imshow(I)
title( rice 图像 )
subplot(122),imshow(Y,[ ])
title( rice 图像增强结果 )
```

程序运行结果如图 5-23 所示。

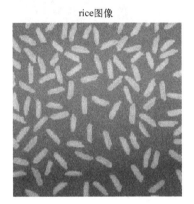

图 5-23　基于灰度直方图的图像增强

【例 5.2-9】 根据灰度直方图对 rice 图像进行二值化处理。

在 M 文件编辑器中输入下列命令, 并保存文件为 example 52_9. m。

```
clear
clc
I = imread( rice. png );
[ m,n ] = size(I);
for i = 1:m
    for j = 1:n
        if I(i,j) > 120
            Y(i,j) = 255;
        else
            Y(i,j) = 0;
        end
    end
end
figure(1),
subplot(121),imshow(I)
```

title(rice 图像)

subplot(122),imshow(Y,[ ])

title(rice 图像二值化结果)

程序运行结果如图 5-24 所示。

rice图像   rice图像二值化结果

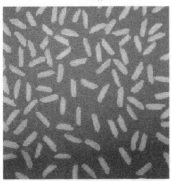 

图 5-24 基于灰度直方图的图像二值化

5.2.4 图像的缩放、翻转与旋转

图像的缩放、翻转与旋转都属于简单的图像几何运算。

图像缩放算法有双线性变换法、三次样条插值法等。本小节对图像缩小只采用简单的像素抽取方法，而对图像的扩大采用邻近像素复制的方法。

【例 5.2-10】实现图像的缩放处理。

在 M 文件编辑器中输入下列命令，并保存文件为 example 52_ 10. m。

```
I = imread( blobs. png );
figure(1),imshow(I);
[m,n] = size(I);
r = 0.5;                  % 图像缩放倍数
m_new = floor( m * r);
n_new = floor( n * r);
Y = zeros(m_new,n_new);
    for i = 1:m_new
        for j = 1:n_new
            x = max(1,round(i/r));
            y = max(1,round(j/r));
            Y(i,j) = I(x,y);
        end
    end
figure(2),imshow(Y,[ ]);
```

程序使用的缩放倍数为 0.5，即图像被压缩为原来的 1/2。程序运行结果如图 5-25 所示，原图像被压缩为原来的一半大小。

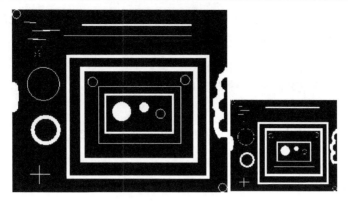

图 5-25 图像缩放

MATLAB 提供了矩阵水平翻转与垂直翻转的函数 fliplr 和 flipud，应用这两个函数非常容易实现图像的水平与垂直翻转。其调用格式分别为：

```
fliplr(A);      %将矩阵 A 的值沿垂直轴左右翻转
flipud(A);      %将矩阵 A 的值沿水平轴上下翻转
```

【例 5.2-11】图像翻转举例。

在 M 文件编辑器中输入下列命令，并保存文件为 example 52_11. m。

```
I = imread( pout. tif );
Ilr = fliplr(I);
Iud = flipud(I);
figure(1),
subplot(131),imshow(I)
title( 原图像 )
subplot(132),imshow(Ilr)
title( 左右翻转图像 )
subplot(133),imshow(Iud)
title( 上下翻转图像 )
```

程序运行结果如图 5-26 所示。

原图像　　　　　　　　　　左右翻转图像　　　　　　　　　上下翻转图像

图 5-26 图像翻转

MATLAB 提供了矩阵逆时针旋转 90°的整数倍的函数 rot90，应用该函数即可实现同样角度的图像旋转。函数 rot90 调用格式为：

rot90(A)；　　% 将矩阵 A 逆时针旋转 90°
rot90(A,K)；　% 将矩阵 A 逆时针旋转 K * 90°,K = ±1, ±2,…

【例 5.2-12】 图像旋转举例。

在 M 文件编辑器中输入下列命令，并保存文件为 example52_12.m。

```
I = imread( circles. png ) ;
I1 = rot90(I) ;
I2 = rot90(I, -1) ;
I3 = rot90(I,2) ;
figure(1) ,
subplot(141) ,imshow(I)
title( 原图像 )
subplot(142) ,imshow(I1)
title( 逆时针旋转 90°)
subplot(143) ,imshow(I2)
title( 顺时针旋转 90°)
subplot(144) ,imshow(I3)
title( 逆时针旋转 180°)
subplot(133) ,imshow(Iud)
title( 上下翻转图像 )
```

程序运行结果如图 5-27 所示。

原图像　　　　逆时针旋转90°　　　　顺时针旋转90°　　　　逆时针旋转180°

  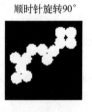 

图 5-27　图像旋转 90°的整数倍

除 rot90 函数以外，MATLAB 还提供了 imrotate 函数用于实现任意角度的图像旋转，其基本调用格式有以下几种。

B = imrotate(A,angle) ;

该调用格式将图像 A 绕图像的中心点旋转，旋转角度为 angle 度，若 angle 为正数表示逆时针旋转，为负数则表示顺时针旋转。旋转后的矩阵存放在 B 中。

B = imrotate(A,angle,method) ;

该调用格式根据 method 参数确定旋转时计算元素数值的插值算法，method 可以为' nearest（表示使用最邻近线性插值）、' bilinear（表示使用双线性插值）或 bicubic（表示使用双三次插值）。

B = imrotate(A, angle, method, bbox);其中，bbox 参数用于指定输出图像属性：

'crop'：通过对旋转后的图像 B 进行裁剪，保持旋转后输出图像尺寸不变。

'loose'：使输出图像足够大，旋转后超出图像范围的像素不丢失。

【例 5.2-13】图像旋转举例。

在 M 文件编辑器中输入下列命令，并保存文件为 example 52_13. m。

```
I = imread('circles. png');
figure(1), imshow(I)
for i = 1:360
    I1 = imrotate(I, i, 'bilinear', 'crop');
imshow(I1)
shg
end
```

程序运行后，各幅图像连续显示，所以是一种原图像旋转的动画形式。但由于采用了旋转后图像与原图像的尺寸相同的方式，所以部分图像中会有圆圈显示不全的现象，如图 5-28 为图像旋转 120°时的图像。

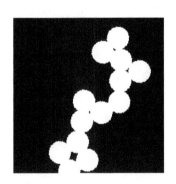

图 5-28　图像旋转 120°

5.3　应用实例——柴油机瞬时转速信号滤波

本节以柴油机瞬时转速的滤波为例，带读者体会查看工程绘图的方便性以及图形对数字信号处理的帮助。柴油机转速通常可分为平均转速、循环转速和瞬时转速三种。目前，稳态下的柴油机性能控制已经很难满足日益严格的排放法规和用户的要求，所以越来越多的研究人员开始着手于瞬态下的柴油机工况的控制。柴油机的瞬时转速是进行柴油机瞬态工况控制的重要参数之一，瞬时转速的研究随着发动机瞬态性能分析和不接触测量技术的研究而得到发展。柴油机瞬时转速是指柴油机在某一微小时间间隔或微小曲轴转角内的平均转速，它蕴含着丰富的发动机工作状态信息，因为柴油机转速的波动与各缸发火状态是一一对应的，它综合反映了气缸的工作状态和工作质量。理想的柴油机瞬时转速波形类似于正弦函数的波形。

将采集的四缸柴油机的瞬时转速存储在文件 x. mat 中，应用图形绘制函数绘制 x 的波形，如图 5-29 所示。从采集的柴油机瞬时转速波形分析，采集信号含有脉冲噪声与高频噪声，所以要对其进行去噪处理，以实现柴油机瞬时转速信号的复原。

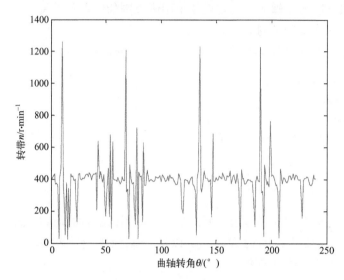

图 5-29 采集柴油机瞬时转速信号的波形

【例 5.3-1】 柴油机瞬时转速信号滤波。

在 M 文件编辑器中输入下列命令，并保存文件为 example 53_1.m。

```
load x
y = x;
istr = \it\theta ;                    % 图形坐标轴名称显示格式控制参数
istr2 = \rm/ ( \circ') ;
istr3 = \itn ;
istr4 = \rm/r\cdotmin^{ -1} ;
figure(1),plot(x)
xlabel([ 曲轴转角 ' istr istr2]),
ylabel([ 转速   istr3 istr4])
% 第一步:脉冲噪声滤波(门限滤波方法)
mx = mean(x);
bodong = 100;
L1 = x > (mx + bodong);              % mx + bodong 为高门限值
y(L1) = mx + bodong;
L2 = x < (mx - bodong);              % mx - bodong 为低门限值
y(L2) = mx - bodong;
figure(2),plot(y)
xlabel([ 曲轴转角 ' istr istr2]),
ylabel([ 转速   istr3 istr4])
% 第二步:低通滤波
b = fir1(61,0.02);                   % 61 阶 FIR 低通滤波器
```

```
y1 = conv(y,b', valid);          % 调用卷积函数实现滤波
figure(3),plot(y1)
xlabel([曲轴转角 ' istr istr2]),
ylabel([转速    istr3 istr4])
grid on
```

以上程序应用了 load 函数加载采集的柴油机瞬时转速 x 的数据。从图 5-29 中可见，采集信号中含有大量脉冲噪声。在脉冲噪声的滤波方法中，选择极值截取法（门限滤波方法）来去除脉冲噪声。该方法首先设定瞬时转速的高、低门限值，然后顺序检测信号每一点的值，若某一点的值大于高门限值或小于低门限值，则认为该点为噪声点，则以预先设定的值代替噪声点。应用该方法的依据是柴油机在运转时，其转速会以平均转速为中心而上下波动，即使出现故障，转速幅值的波动也会在一定的范围之内，那么超过（或低于）阈值的测量值即为噪声。图 5-30 为脉冲噪声滤波后转速的波形，从图中可见，信号中还含有高频噪声需要滤除，所以采用具有线性相位的有限脉冲响应（FIR）滤波器再对其进行一次去噪处理。

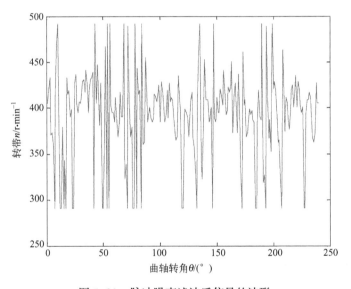

图 5-30　脉冲噪声滤波后信号的波形

MATLAB 中，函数 fir1 利用加窗法设计 FIR 滤波器，低通、高通、带通、带阻滤波器都可用 fir1 函数设计。函数 fir1 的主要调用格式如下：

```
b = fir1(N,Wn),              % 输入 N 为滤波器阶数,Wn(0 < Wn < 1)为归一化截止频率
b = fir1(N,Wn', ftype),      % 其中 ftype 为滤波器类型(默认时设计低通滤波器)
b = fir1(N,Wn,window),       % 其中 window 为加窗时使用的窗函数((缺省时为 Hamming 窗)
```

本例中使用 Hamming 窗设计阶数为 61 的有限脉冲响应滤波器。然后调用卷积函数将滤波器的冲激响应函数与脉冲噪声去噪后的信号进行卷积运算，最终实现柴油机瞬时转速信号的滤波，滤波结果如图 5-31 所示。

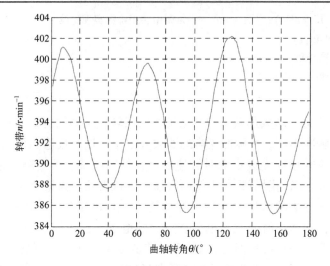

图 5-31　柴油机瞬时转速信号的恢复波形

第6章　MATLAB 数值计算

MATLAB 提供了标准多项式的运算函数，如多项式求根、展开、相乘、除法等。另外还提供了更高级的曲线拟合以及插值函数。

6.1　多项式运算

MATLAB 按照"行向量"的形式表现多项式，多项式的系数按降幂次序存放在行向量中。多项式 $P(x) = a_0 x^n + a_1 x^{n-1} + \cdots + a_{n-1} x + a_n$ 的系数行向量为：$P = [a_0, a_1, \cdots a_{n-1}, a_n]$。需要注意的是，系数中的零不能省。例如，多项式 $P(x) = 3x^3 + x + 7$，在 MATLAB 中表示为：

>> P = [3,0,1,7]

6.1.1　多项式求根

函数 roots 用来求多项式方程的根，从而实现了因式分解，其调用格式为：

r = roops(p)

【例 6.1-1】求多项式 $P(x) = x^3 - 22 x^2 + 5x + 700$ 的根。

【解】　>> P = [1, -22,5,700];

>> r = roots(P)

r =

20.0000

7.0000

-5.0000

因此，多项式的因式分解就应该为 $P(x) = (x - 20)(x - 7)(x + 5)$。

6.1.2　多项式乘积展开

利用 poly 函数可以从多项式方程的根的展开得到标准的多项式表示，即 poly 函数能由给定的根创建多项式，并返回多项式系数，roots 和 poly 互为逆运算。另外 poly 函数可以求矩阵的特征多项式。其调用格式为：

P = ploy(r)

【例 6.1-2】利用 poly 命令建立 $(x - 20)(x - 7)(x + 5)$ 的多项式。

【解】　>> r = [20;7; -5];

>> p = poly(r)

p =

$$1 \quad -22 \quad 5 \quad 700$$

>> P = poly2str(p', x)　　% 多项式转换为字符串函数,这样可以以较习惯的方式显示多项式

P =

$$x^3 - 22 \ x^2 + 5 \ x + 700$$

所以用 poly 函数构建的以 20、7 和 −5 为根的多项式为 $P(x) = x^3 - 22 x^2 + 5x + 700$。

【例 6.1−3】 求矩阵 $a = \begin{bmatrix} 1 & 2 & 3 \\ 4 & 5 & 6 \\ 7 & 8 & 9 \end{bmatrix}$ 的特征多项式,并求特征根。

【解】　>> a = [1,2,3;4,5,6;7,8,9];　　　　% 建立一个矩阵

　　>> pa = poly(a)　　　　　　　% 求矩阵 a 的特征多项式

　　pa =

　　　　1. 0000　−15. 0000　−18. 0000　−0. 0000

　　>> ppa = poly2str(pa', x)　　　　　% 显示特征多项式

　　ppa =

　　　　$x^3 - 15 \ x^2 - 18 \ x - 2. 3466e - 014$

　　>> r = roots(pa)　　　　　% pa 多项式的根是 a 的特征值,利用 roots 函数解得特征根

　　r =

　　　　16. 1168

　　　　−1. 1168

　　　　−0. 0000

6.1.3　多项式求值

polyval 函数用来计算多项式在给定变量时的值,其调用格式为:

　　y = polyval(p,x) ;　　　% 按照数组规则计算已知 x 时,多项式 p 的值

【例 6.1−4】 对于 $P(x) = x^3 - 22 x^2 + 5x + 700$,求 $x = 5$ 时的值。

【解】　>> r = [20;7; −5];p = poly(r)　　　　% 可以根据前面例题建立 p;也可以直接建立行向量 p

　　p =

　　　　$1 \quad -22 \quad 5 \quad 700$

　　>> z = polyval(p,5)　　　% 计算 x = 5 时 p 的值

　　z =

　　　　300

又如:

　　>> x = [1,2;3,4];

　　>> o = [1,1,5];

　　>> vx = polyval(o,x)　　　% polyval 函数实质是按照数组运算规则计算多项式的值

　　vx =

　　　　7　　11

　　　　17　　25

polyval 函数的另一种调用格式为:

V = polyvalm(p,X);　　　% 按矩阵运算规则计算多项式 p 的值,且 X 只能是方阵

【例 6.1-5】 设 X 为方阵, I 为单位阵, $p(X) = X^2 - 2X + 5I$, 采用矩阵形式计算多项式的值。

【解】 　>>X = [1,3;2,4];

　　　　　>>p = [1, -2,5];　　　　　　　% 直接建立行向量 p

　　　　　>>p1 = poly2str(p', $)

　　　　　p1 =

　　　　　　　S^2 - 2 S + 5　　　　　　　% 按照习惯方式显示 p

　　　　　>>Y = polyvalm(p,X)

　　　　　Y =

　　　　　　　10　　　9

6.1.4　多项式的部分分式展开

MATLAB 系统中有专门为求留数而开发的 residue 函数, 该函数可以求解两个多项式之比的部分分式展开。这个指令常用在通信系统的系统函数中。对于多项式 $b(s)$ 和 $a(s)$, 如果 $a(s)$ 不含重根, 则 $\dfrac{b(s)}{a(s)}$ 的部分分式展开为:

$$F(S) = \frac{b(s)}{a(s)} = \frac{r_1}{s - p_1} + \frac{r_2}{s - p_2} + \cdots + \frac{r_n}{s - p_n} + k(s)$$

$a(s)$ 称为 $F(S)$ 的特征多项式, 方程 $a(s) = 0$ 称为特征方程。$p_1, p_2, \cdots p_n$ 称为极点。residue 函数的调用格式为:

　　　　　[r,p,k] = residue(b,a);

其中, 输出向量 r 是由 "各零点" 构成的一维向量 $[r_1, r_2, \cdots, r_n]$; 输出向量 p 是由各极点 $[p_1, p_2, \cdots p_n]$ 构成的一维向量; 输出量 k 是多项式 $k(s)$ 的系数向量。

【例 6.1-6】 $F(s) = \dfrac{s + 4}{s^3 + 3 s^2 + 2s}$, 将 $F(S)$ 部分分式展开。

【解】 　>>b = [1,4];

　　　　　>>a = [1,3,2,0];

　　　　　>>[r,p,k] = residue(b,a)

　　　　　r =

　　　　　　　1

　　　　　　　-3

　　　　　　　2

　　　　　p =

　　　　　　　-2

　　　　　　　-1

　　　　　　　0

　　　　　k =

　　　　　　　[]

也就是 $F(S) = \dfrac{s+4}{s^3 + 3s^2 + 2s} = \dfrac{1}{s+2} + \dfrac{-3}{s+1} + \dfrac{2}{s}$

又例如：

```
>> b = [1,4,0,0];
>> a = [1,3,2,0];
>> [r,p,k] = residue(b,a)
r =
        4
       -3
        0
p =
       -2
       -1
        0
k =
        1
```

6.1.5 多项式求导

指令 D = polyder(p)，可以实现多项式的求导。

【例 6.1-7】求多项式 $r(x)$ 与 $p(x)$ 的导数。其中 $r(x) = 2x^4 + 11x^3 + 11x^2 - 24x - 36$，$p(x) = 2x^2 + x - 6$。

【解】
```
>> r = [2,11,11,-24,-36];
>> p = [2,1,-6];
>> d1 = polyder(r)
d1 =
        8      33     22    -24
>> D1 = poly2str(d1,'x')
D1 =
      8 x^3 + 33 x^2 + 22 x - 24
>> d2 = polyder(p)
d2 =
        4      1
>> D2 = poly2str(d2,'x')
D2 =
      4 x + 1
```

6.1.6 多项式积分

MATLAB 使用 polyint 函数计算多项的积分，其调用格式为：

polyint(p,k); % 返回多项式 p 的积分，k 作为积分后的常数项(因为对多项式积分后常数项不确定)。其中 p 是多项式系数组成的行向量，k 是一个标量

　　polyint(p);　　　% 返回多项式 p 的积分,默认积分后的常数项 k 为 0

【例 6.1–8】 计算多项式 $2x+1$ 的积分。

【解】 >> p = [2,1];　　　　　　% p = 2x +1

　　　　>> s1 = polyint(p)　　　　% 积分并常数项默认为 0

　　　　s1 =

　　　　　　1　　1　　0

　　　　>> str1 = poly2str(s1, 'x')　　%将多项式转换为 x 的字符串

　　　　str1 =

　　　　　x^2 +　 x

　　　　>> k = 3;　　　　　　　% 积分常数项 k = 3

　　　　>> s2 = polyint(p,k)

　　　　s2 =

　　　　　　1　　1　　3

　　　　>> str2 = poly2str(s2, 'x')

　　　　str2 =

　　　　　x^2 +　 x +3

6.2　多项式乘法与除法

　　多项式的乘法是利用向量的"卷积"进行运算的,而多项式的除法是利用卷积的逆运算"解卷积"进行的。

　　对于两个有限长序列的卷积(也称为卷积和)做如下定义。

　　设有长度有限的任意两个序列

$$A(n) = \begin{cases} a_n, & N_1 \leqslant n \leqslant N_2 \\ 0, & \text{其他} \end{cases} \tag{6-1}$$

$$B(n) = \begin{cases} b_n, & M_1 \leqslant n \leqslant M_2 \\ 0, & \text{其他} \end{cases} \tag{6-2}$$

那么两个序列的卷积为

$$C(n) = \begin{cases} \sum_{i=N_1}^{N_2} A(i)B(n-i) = \sum_{i=M_1}^{M_2} A(n-i)B(i), & n \in [N_1 + M_1, N_2 + M_2] \\ 0, & \text{其他} \end{cases} \tag{6-3}$$

两个多项式相乘的定义如下。

　　设有多项式 $A(x)$ 和 $B(x)$ 分别为:

$$A(x) = \sum_{i=0}^{N} a_i x^{N-i} \tag{6-4}$$

$$B(x) = \sum_{i=0}^{M} b_i x^{M-i} \tag{6-5}$$

则它们的乘积为:

$$C(x) = A(x)B(x) = \sum_{i=0}^{N+M} c_k x^{N+M-k} \tag{6-6}$$

其中

$$c_k = \sum_{i=0}^{N+M} a_i b_{k-i} \tag{6-7}$$

比较式（6-6）和式（6-3），可以看出卷积运算的数学结构与多项式乘法完全相同。所以 MATLAB 中的 MATLAB 中的 conv( ) 和 decon( ) 函数不仅可用于多项式的乘除运算，还可以用于序列的卷积和解卷积。

6.2.1　多项式乘法

两多项式相乘，可以用 conv 函数来实现。

conv 函数的调用格式为：

$$R = conv(p_1, p_2);$$

其中，p1 和 p2 为两个相乘的多项式。

【例 6.2-1】求三个多项式的乘积，其中 $p_1(x) = x^2 + 5x + 6$，$p_2(x) = 2x^2 + x - 6$，$p_3(x) = x + 1$。

【解】
```
>> p1 = [1,5,6]; p2 = [2,1,-6]; p3 = [1,1];
>> x = conv(p1,p2);
>> y = conv(x,p3)
y =
      2    13    22   -13   -60   -36
>> z = poly2str(y, 's )
z =
2 s^5 + 13 s^4 + 22 s^3 - 13 s^2 - 60 s - 36
```

【例 6.2-2】有序列 $A(n) = \begin{cases} 1, & 3 \leqslant n \leqslant 12 \\ 0, & 其他 \end{cases}$ 和 $B(n) = \begin{cases} 1, & 2 \leqslant n \leqslant 9 \\ 0, & 其他 \end{cases}$，求这两个序列的卷积。

【解】在 M 文件编辑器中输入下列命令，并保存文件为 example 62_2. m

```
n1 = 3; n2 = 12;
m1 = 2; m2 = 9;
A = ones(1,(n2 - n1 + 1));          % 生成序列 A
B = ones(1,(m2 - m1 + 1));          % 生成序列 B
V = conv(A,B);                      % 得到卷积序列 V
Nv1 = n1 + m1; Nv2 = n2 + m2;       % 确定序列所在区间
KV = Nv1 : Nv2;
KV
V
stem(KV,V)
```

运行 example 62_2. m，结果如图 6-1 所示。

```
>> example62_2
KV =
  Columns 1 through 11
     5    6    7    8    9    10   11   12   13   14   15
  Columns 12 through 17
    16   17   18   19   20   21
V =
  Columns 1 through 11
     1    2    3    4    5    6    7    8    8    8    7
  Columns 12 through 17
     6    5    4    3    2    1
```

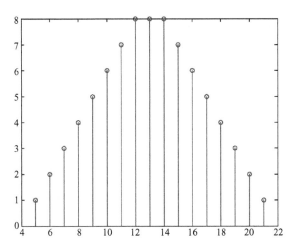

图 6-1　用 conv 指令实现卷积结果的棒图

6.2.2　多项式除法

多项式的除法运算可以利用卷积的逆运算 deconv 进行。

deconv 的调用格式为：

Q = deconv(r,p);

【例 6.2-3】求多项式 $r(x)$ 与 $p(x)$ 的商。其中 $r(x) = 2x^4 + 11x^3 + 11x^2 - 24x - 36$，$p(x) = 2x^2 + x - 6$。

【解】
```
>> r = [2,11,11,-24,-36];
>> p = [2,1,-6];
>> q = deconv(r,p)
q =
     1    5    6
```

6.3 曲线拟合与函数插值

在大量的生产实践和科学实验中，人们经常面临着以下问题：测量出一批实验数据点，需要确定满足要求的曲线或曲面。对这个问题有两种解决方法：一种是曲线拟合，即设法找出某条光滑曲线，它能够最佳地拟合现有的实验数据，但不一定经过任何数据点。另一种方法是函数插值，即假定数据是正确的，通过这些有限的数据点，构造一个解析表示式，由此计算数据点之间的函数值。

6.3.1 多项式拟合

曲线拟合是要寻找出一个函数，这个函数在某种准则下与样本点数据最接近，但并不一定要求拟合曲线通过全部已知的样本点。最常用的准则是最小二乘准则——要求各点的残差（或离差）的加权平方和达到最小，该拟合称为在加权最小二乘意义下对数据的拟合，即最小二乘拟合。比较常用的是最小二乘准则下的多项式拟合。式（6-8）就构成了所谓的多项式拟合：

$$y(a,x) = \sum_{i=0}^{n} a_i x^{n-i} \qquad (6-8)$$

在 MATLAB 中，最小二乘准则下的多项式拟合函数是 polyfit 函数，polyfit 函数的调用格式为：

    p = polyfit(x,y,n);

其中，x 和 y 是已知样本点数据；n 是拟合多项式的阶次（需要注意的是 n 阶多项式将有 n +1 个系数）；p 是返回的拟合多项式系数，即由 a_i 构成的一维系数向量。

【例 6.3-1】 设 x 为 [1.007 0.555 0.540 0.299 0.241 0.209 0.194 0.180 0.180 0.185 0.194 0.199 0.226 0.421 0.630 0.659 0.720 0.720 0.698 0.698 0.705 0.727 0.744]，y 为 [0.639 -0.511 -0.334 -0.130 0.009 0.221 0.137 0.083 0.050 0.037 0.029 0.035 0.077 0.470 1.028 1.035 1.109 1.494 1.449 1.448 1.307 1.251 1.235]，实现多项式拟合。

【解】在 M 文件编辑器中输入下列命令，并保存文件为 example 63_1.m。

```
clear all
x = [1.007 0.555 0.540 0.299 0.241 0.209 0.194 0.180 0.180 0.185 0.194 0.199 0.226 0.421
0.630 0.659 0.720 0.720 0.698 0.698 0.705 0.727 0.744];
y = [0.639 -0.511 -0.334 -0.130 0.009 0.221 0.137 0.083 0.050 0.037 0.029 0.035 0.077 0.470
1.028 1.035 1.109 1.494 1.449 1.448 1.307 1.251 1.235];
p = polyfit(x,y,6)          %6 为拟合多项式的阶数
x1 = 0.0011:0.0001:1.1;
y1 = polyval(p,x1);
plot(x,y,'*r',x1,y1,'-b')
```

运行 example 63_1.m，得到 6 阶拟合多项式的系数，如下拟合曲线如图 6-2 所示。

```
p =
  1.0e +004  *
    0.4666   -1.5031    1.8979   -1.1953    0.3941   -0.0643    0.0041
```

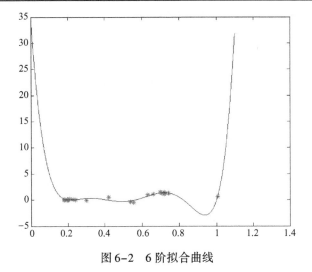

图 6-2　6 阶拟合曲线

为了方便用户使用，MATLAB 提供了支持曲线拟合的图形用户接口。它位于 "Figure" 窗口的 "Basic Fitting" 菜单，如图 6-3 所示。单击该菜单进入 "Basic Fitting" 窗口，单击窗口右下角的向右按钮 "→"（见图 6-4）可以得到 "Basic Fitting" 窗口的全貌，如图 6-5 所示。

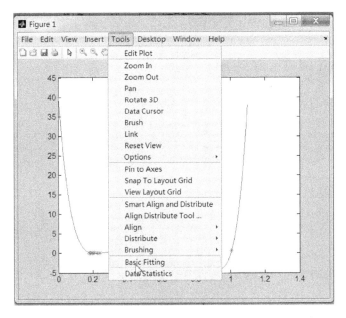

图 6-3　曲线拟合图像用户接口

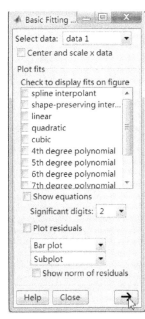

图 6-4　"Basic Fitting" 窗口

在 "Basic Fitting" 窗口的 "Plot fits" 复选框中选择 "6th degree polynomial" 项；然后再单击 "Plot residuals" 单选框，使该选项处于选中状态。最后在 "Plot residuals"（残留误差）单选框下方的下拉列表中选择 "Scatter plot"。上述操作完成后，"Figure" 窗口会出现拟合好的数据，并且绘出了拟合数据的残留误差（residuals），如图 6-6 所示。同时拟合结果也在 "Basic Fitting" 的 "Numerical results" 中显示。

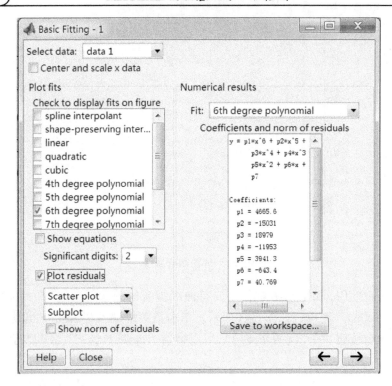

图 6-5　"Basic Fitting" 窗口全貌

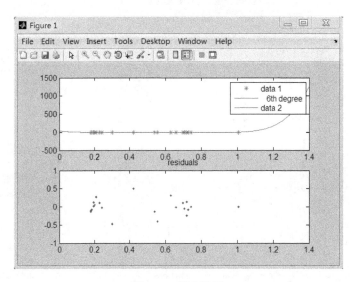

图 6-6　拟合结果

6.3.2　函数插值

　　插值与拟合的区别在于：如果要求曲线通过所有给定的数据点，就是插值问题；如果不要求曲线通过所有数据点，而是反映对象的整体变化趋势，就是拟合。MATLAB 插值计算的函数有 interp1（一维插值）、interp2（二维插值）、interp3（三维插值）和 interpn（n 维插值）。

1.　一维多项式插值函数

$$yi = interp1(x,y,xi,'method');$$

其中，x 和 y 是已知的样本点数据；xi 是要内插的数据点，yi 是 xi 对应的函数值；method 是内插的指定算法，可以选择最近邻点插值（'nearest'）、线性插值（'linear'）、样条函数插值（'spline'）、立方插值（'cubic'），如果 method 缺省，默认为线性插值。

$$yi = interp1(y,xi);$$

作用同上，默认 x 为 1:n，其中 n 为向量 y 的长度。

【例 6.3-2】 一维多项式插值，$y = x\sin(x)$，分别用不同的方法为 y 插值。

【解】 在 M 文件编辑器中输入下列命令，并保存文件为 example 63_2.m。

```
x = 0:10;y = x. * sin(x);
x1 = 0:0.5:10;
y1 = interp1(x,y,x1)
y2 = interp1(x,y,x1,'spline')
y3 = interp1(x,y,x1,'cubic')
plot(x1,y1,x1,y2,'-s',x1,y3,'-*')
legend('-,linear','-s,spline','-*,cubic')
```

运行 example63_2.m，插值结果如下，插值曲线如图 6-7 所示。

```
y1 =
        0       0.4207      0.8415      1.3300      1.8186      1.1210      0.4234     -1.3019
   -3.0272     -3.9109     -4.7946     -3.2356     -1.6765      1.4612      4.5989
    6.2569      7.9149      5.8120      3.7091     -0.8656     -5.4402
y2 =
        0       0.2145      0.8415      1.5024      1.8186      1.4767      0.4234     -1.2367
   -3.0272     -4.3879     -4.7946     -3.8560     -1.6765      1.4040      4.5989
    7.0318      7.9149      6.6999      3.7091     -0.5176     -5.4402
y3 =
        0       0.4044      0.8415      1.4431      1.8186      1.3694      0.4234     -1.2581
   -3.0272     -4.2031     -4.7946     -3.7563     -1.6765      1.4396      4.5989
    6.7993      7.9149      6.5323      3.7091     -0.1333     -5.4402
```

2.　一维快速傅里叶插值

interpft 函数可以实现一维快速傅里叶插值，该函数先对样点序列进行傅里叶变换，在得到的频域序列中扩充采样点（补零），然后用更多点的傅里叶逆变换，得到插值了的序列。interpft() 函数的调用格式为：

$$y = interpft(x,n);$$

对 x 进行傅里叶变换，然后采用 n 点傅里叶逆变换变回到时域。如果 x 为向量，数据长度为 m，则 n > m。如果 x 为矩阵，函数操作在 x 的列上，返回结果与 x 具有相同的列数，但其行数为 n。

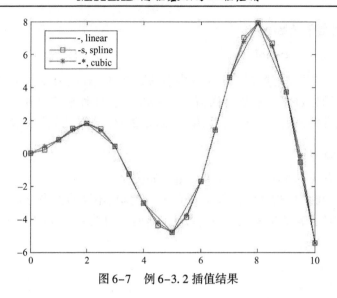

图 6-7　例 6-3.2 插值结果

　　　　y = interpft(x,n,dim);

在 dim 指定的维上进行操作。

【例 6.3-3】 为向量 y 进行一维快速傅里叶插值。其中 y = [0.5 1 1.5 2 1.5 1.5 0 -0.5 -1 -1.5 -2 -1.5 -1 -0.5 0]。

【解】 在 M 文件编辑器中输入下列命令，并保存文件为 example 63_3. m。

```
y = [0.5 1 1.5 2 1.5 1.5 0 -0.5 -1 -1.5 -2 -1.5 -1 -0.5 0];
N = length(y);
%%3 倍插值
L = 3;
M = N * L;
x = 0:L:L * N - 1;
xi = 0:M - 1;
yi = interpft(y,M);
plot(x,y,'k*',xi,yi,'-.s')
legend('原向量','插值向量')
```

运行 example 63_3. m，结果如图 6-8 所示。

【例 6.3-4】 对 cos(x) 进行一维快速傅里叶插值。

【解】 在 M 文件编辑器中输入下列命令，并保存文件为 example 63_4. m。

```
x = 0:1:11;
y = cos(x);
n = 2 * length(x);
yi = interpft(y,n);
xi = 0:0.5:11.5;
plot(x,y,'rs',xi,yi,'--k*')
legend('原始数据','插值数据')
```

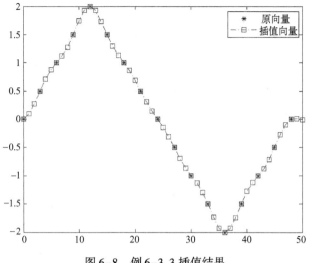

图 6-8   例 6-3.3 插值结果

运行 example 63_4. m，结果如图 6-9 所示。

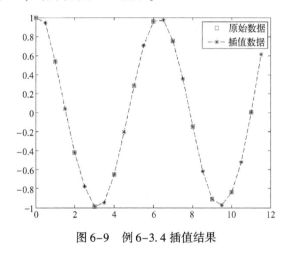

图 6-9   例 6-3.4 插值结果

3. 二维插值

二维插值主要用于图像处理与可视化，基本思想与一维插值相同。二维插值是对两个变量的函数 $z = f(x, y)$ 进行插值。MATLAB 中的二维插值函数为 inperp2( )。其调用格式为：

　　　　zi = interp2(x, y, z, xi, yi)；

其中，原始输入数据 x、y 与 z 确定二维函数 $z = f(x, y)$，返回值 zi 是 (xi, yi) 在函数 $f(x, y)$ 上的值。参量 x 与 y 必须是单调的，且划分格式相同，就像由命令 meshgrid 生成的一样。若 xi 与 yi 中有在 x 与 y 范围之外的点，则相应地返回 nan(Not a Number)。

　　　　zi = interp2(z, xi, yi)

默认的 x = 1:n、y = 1:m，其中 [m, n] = size(z)。

　　　　zi = interp2(z, n)；

该调用格式在两点之间递归地插值 n 次, 做 n 次递归计算, 在 z 的每两个元素之间插入它们的二维插值, 这样 z 的阶数将不断增加。

$$zi = interp2(x, y, z, xi, yi, method)$$

该调用格式是用指定的算法 method 计算二维插值, 包含以下几种算法。

'linear': 双线性插值算法 (默认算法)。

'nearest': 最临近插值。

'spline': 三次样条插值。

'cubic': 双三次插值。

【例 6.3-5】 二维插值算法示例。

【解】 在 M 文件编辑器中输入下列命令, 并保存文件为 example 63_5. m。

```
[x0, y0] = meshgrid(-3:0.25:3);        % meshgrid 函数用来生成二维网格矩阵
z0 = peaks(x0, y0);                     % peaks 是 (x0, y0) 确定的多元函数
[xi, yi] = meshgrid(-3:0.125:3);
zi = interp2(x0, y0, z0, xi, yi);       % 插入 zi
mesh(xi, yi, zi)
```

运行 example 63_5. m, 结果如图 6-10 所示。

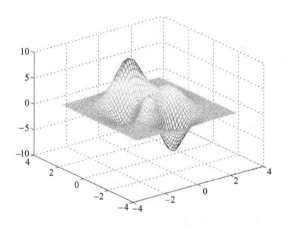

图 6-10   例 6-3.5 插值结果

6.4   应用实例——湿度曲线拟合与心电图信号插值

【例 6.4-1】 气象部门观测到郑州地区一天某些时刻的相对湿度 (相对湿度: 空气中实际水汽压与当时气温下的饱和水汽压之比, 以百分比 (%)) 数据为:

时间 t	0	2	4	6	8	10	12	14	16	18	20	22
湿度 (%)	30	34	38	42	43	40	35	29	29	31	31	30

试描绘出温度变化曲线。

【解】 在 M 文件编辑器中输入下列命令, 并保存文件为 example 64_1. m。假设湿度为 y, 时间为 t, 用多项式拟合函数 p = polyfit(t, y, n) 进行拟合。

```
t = [0,2,4,6,8,10,12,14,16,18,20,22,];
y = [30,34,38,42,43,40,35,29,29,31,31,30];
n = 3;
p = polyfit(t,y,n)
PP = poly2str(p',t')
ti = linspace(0,24,100);
z = polyval(p,ti);   % 多项式求值
plot(t,y','-o',ti,z','-*')
legend('原始数据',' 3 阶曲线')
```

运行 example64_1. m，结果为：

```
p =
     0.0127     -0.4756      4.4624      28.6960
PP =
     0.012659 t^3 - 0.47555 t^2 + 4.4624 t + 28.696
```

n = 3 时拟合结果如图 6-11 所示。

令 example64_1. m 中的 n = 5，即做 5 阶拟合，结果如图 6-12 所示。

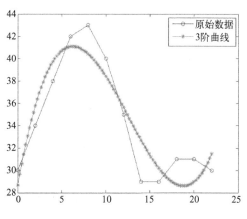

图 6-11　　n = 3 时拟合结果

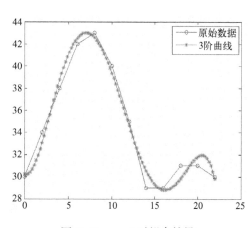

图 6-12　　n = 5 时拟合结果

```
p =
    -0.0002     0.0125     -0.2277     1.4012     -0.5766     30.2579
PP =
    -0.00022831 t^5 + 0.012532 t^4 - 0.22774 t^3 + 1.4012 t^2 - 0.57658 t + 30.2579
```

令 example64_1. m 中的 n = 7，即做 7 阶拟合，结果如图 6-13 所示。

```
p =
     0.0000    -0.0003     0.0078    -0.1106     0.7452    -2.2647     4.4110
    29.9694
PP =
     3.3474e - 006 t^7 - 0.00026126 t^6 + 0.0078079 t^5 - 0.11057 t^4
    + 0.74516 t^3 - 2.2647 t^2 + 4.411 t + 29.9694
```

上述湿度数据虽然可用不同阶的多项式来拟合，但 n = 7 时，多项式 p 的最高阶系数已经约等于零，因此 5 阶或 6 阶拟合已经和源数据误差较小。图 6-14 显示了 n = 11 时的拟合结果。

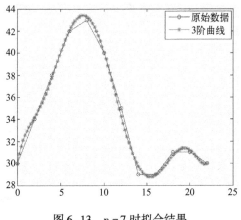

图 6-13　n = 7 时拟合结果

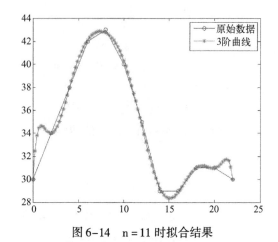

图 6-14　n = 11 时拟合结果

结果显示：并不是阶数越高拟合得越好。可根据误差确定多项式拟合的阶数，程序如下（仅供参考）：

```
for i = 1:10
    yy = polyfit(t,y,i)
    Y = polyval(yy,t);              % 计算拟合函数在 t 处的值
    if sum((Y - y).^2) < 0.5        % 根据误差确定拟合阶数
        c = i
    break;
    end
end
```

【例 6.4-2】某心电图周期波形数据共有 37 个采样点，采样间隔为 0.02 s，请做出采样率为 4000 的心电图波形。37 个采样点数据分别如下：

[79.8， -39.4， -70.7， -17.1 ， -17.1， -16.6， -16.5， -15， -15， -14.5，
-14.5， -10.0， -10.0， -3.5， 1.0， -3.5， -12， -16， -17， -18， -18， -17.9，
-18， -18， -18， -16.5， -4， 9.0， 19.1， 6.5， -11， -17， -17， -18， -23，
-18.3， 49]。

【解】在 M 文件编辑器中输入下列命令，并保存文件为 example 64_2.m。

```
data = [79.8, -39.4, -70.7, -17.1 , -17.1, -16.6, -16.5, -15,...
        -15, -14.5, -14.5, -10.0, -10.0, -3.5,1.0, -3.5,...
        -12, -16, -17, -18, -18, -17.9, -18, -18, -18, -16.5,...
        -4,9.0,19.1,6.5, -11, -17, -17, -18, -23, -18.3,49];
ts = 0.02;                          % 采样周期
ex = 5;
nex = reshape(data' * ones(1,ex),1,ex * length(data));    % 信号扩展为 ex 周期
```

```
nex = nex/max(nex);                          %归一化
t = ts:ts:length(nex) * ts;
subplot(2,1,1);
plot(t,nex', .'k' );
axis([0 2 -2 2]);
%%插值,使采样频率提高到 4000 次/s
t4000 = [ts:1/4000:t(length(t))];           %新采样时间
n4000 = interp1(t,nex,t4000', 'linear' )    %一维线性插值
subplot(2,1,2);
plot(t4000,n4000', .'k' );
axis([0 2 -2 2]);
```

运行 example64_2. m，结果如图 6-15 所示。

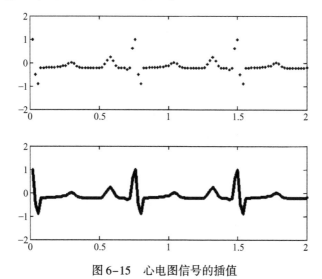

图 6-15　心电图信号的插值

第 7 章　MATLAB 符号计算

在数学、工程技术和科研工作中不仅会遇到数值计算，还会遇到符号计算问题。符号计算又称计算机代数，通俗地说就是用计算机进行数学公式推导、因式分解、化简、微分、积分、解代数方程、求解常微分方程等。MATLAB 不但能够对数值进行一系列运算，而且也能够对含未知量的式子直接进行推导和演算。

7.1　符号对象的生成和使用

符号对象属于 MATLAB 语言中数据类型的一种，可以是符号常量、符号变量、符号函数和各种符号表达式等。

7.1.1　符号变量和符号表达式

符号变量是在 MATLAB 的符号计算中内容可变的符号对象，有时又称为自由变量。符号变量与数值变量名称的命名规则相同。在 MATLAB 编程过程中，可以用命令 sym 或者 syms 来建立符号变量。sym 函数用于定义单个符号变量，使用函数 sym 的调用格式为：

```
sym( 'x' );                % 创建符号变量，名字为 'x'，并将结果存在 x 中
sym( 'x' ¦ 'real' );       % 参数 real 定义的变量为实型符号变量
sym( 'x' ¦ 'unreal' )      % unreal 定义的是非实型符号变量
```

除了 sym 函数以外，MATLAB 还提供了 syms 函数用来定义符号变量。与 sym 函数最大的不同点在于，syms 可以很方便地一次定义多个符号变量。syms 函数的调用格式为：

```
syms arg1 arg2 arg3 …
```

【例 7.1–1】合并数学表达式 $x^2y^2 + yx + x^2 + 3x$ 对于 x 的同类项。

【解】

```
>> syms x y;
>> collect( x^2 * y^2 + y * x + x^2 + 3 * x)        % collect 为合并同类项，详见 7.5 节
ans =
(y^2 + 1) * x^2 + (y + 3) * x
```

求得对于 x 的同类项为 $x^2y^2 + yx + x^2 + 3x = (y_2 + 1)x^2 + (y + 3)x$。

7.1.2　符号矩阵

MATLAB 可以处理以字母表示的矩阵的相关数学问题。

【例 7.1–2】求矩阵 $A = \begin{bmatrix} a & b \\ c & d \end{bmatrix}$ 的行列式和逆矩阵。

【解】

```
>> syms a b c d;
>> A = [ a b;c d ] ;
>> B = det( A)
B =
a * d - b * c
>> D = inv( A)
D =
[ d/( a * d - b * c) , - b/( a * d - b * c) ]
[ - c/( a * d - b * c) ,a/( a * d - b * c) ]
```

【例 7.1-3】 求矩阵 $A = \begin{bmatrix} a & b & c & d \\ b & c & d & a \\ c & d & a & b \\ d & a & b & c \end{bmatrix}$ 第一行元素的和，并用 m 代替矩阵 A 第 4 行 4 列

的元素。

【解】

```
>> syms a b c d m
>> A = [ a b c d;b c d a;c d a b;d a b c ] ;
>> sum( A(1 ,:) )
ans =
a + b + c + d
>> A(4 ,4) = m
A =
[ a,b,c,d ]
[ b,c,d,a ]
[ c,d,a,b ]
[ d,a,b,m ]
```

7.2 符号微积分

7.2.1 微分

大学本科"高等数学"课程中关于微分和积分问题都可以用 MATLAB 的命令函数来解决，表达式的微分用函数 diff 实现，其调用格式为：

```
diff(y);              % 求对于默认自变量的符号表达式 y 的微分
diff(y,n);            % 求对于默认自变量的符号表达式 y 的 n 次微分
diff(y', v' );        % 求对于自变量 v 的符号表达式 y 的微分
diff(y', v' ,n);      % 求对于自变量 v 的符号表达式 y 的 n 次微分
```

【例 7.2-1】 已知函数 $y = ax^2 + bx + c$，求 y 对 x 的二阶导数。

【解】

```
>> syms y x a b c
>> y = a * x^2 + b * x + c;
>> df = diff( y,x,2)
df =
2 * a
```

另外，diff 函数还可以对矩阵中各个元素逐个进行处理。

【例 7.2-2】 已知函数 $A = \begin{bmatrix} \sin ax^2 & \cos ax^3 \\ \tan ax & \cot ax^2 \end{bmatrix}$，求函数 A 对 x 的一阶导数。

【解】

```
>> syms A a x
>> A = [ sin( a * x^2) cos( a * x^3) ;tan( a * x) cot( a * x^2) ]
A =
[ sin( a * x^2),cos( a * x^3) ]
[   tan( a * x),cot( a * x^2) ]
>> dy = diff( A,x)
dy =
[     2 * cos( a * x^2) * a * x, - 3 * sin( a * x^3) * a * x^2]
[    (1 + tan( a * x)^2) * a,2 * ( - 1 - cot( a * x^2)^2) * a * x]
```

7.2.2 积分

MATLAB 处理函数积分问题时需要用命令 int。例如积分 $\int x^n \mathrm{d}x$ 在命令行窗口里表示为 int(x^n) 或 int(x^n,x)；$\int_0^{\frac{\pi}{2}} \sin 2x \mathrm{d}x$ 可以表示为 int(sin(2 * x),0,pi/2) 或 int(sin(2 * x),x,0, pi/2)。

int 的调用格式为：

```
int(X);                 % 求符号表达式 X 对于默认自变量的不定积分
int(X,v);               % 求符号表达式 X 对于自变量 v 的不定积分
int(X,a,b);             % 求符号表达式 X 对于默认自变量从 a 到 b 的定积分
int(X,v,a,b);           % 求符号表达式 X 对于自变量 v 从 a 到 b 的定积分
```

在 int 函数中，a 和 b 不仅可以是常数变量，也可以是符号表达式和其他数值表达式，分别表示积分表达式的上下限。

【例 7.2-3】 求积分 $\int (ax^2 + bx + c) \mathrm{d}x$。

【解】

```
>> syms x a b c
>> int( a * x^2 + b * x + c)
ans =
( a * x^3)/3 + ( b * x^2)/2 + c * x
```

需要注意的是，不定积分在 MATLAB 运行结果中不包含任意常量。

【例 7.2-4】 求积分 $y = \int_0^1 (x^2 + 1)e^2 \, dx$。

【解】

```
>> syms y x
>> y = int((x^2 + 1) * exp(x),0,1)
ans =
2 * exp(1) - 3
```

7.2.3　符号求和

对于高等数学中级数求和问题，可用 MATLAB 的求和命令 symsum 来完成。在符号数学工具箱中，表达式的求和由函数 symsum 实现，其调用格式为：

```
symsum(X);              % 计算符号表达式 X 对于默认自变量的不定和
symsum(X,v);            % 计算符号表达式 X 对于自变量 v 的不定和
symsum(X,a,b);          % 计算符号表达式 X 对于默认自变量从 a 到 b 的有限和
symsum(X,v,a,b);        % 计算符号表达式 X 对于自变量 v 从 a 到 b 的有限和
```

例如：找到级数的通式

$$\sum_a^b f(v)$$

则级数求和的命令为 symsum(f,v,a,b)。

【例 7.2-5】 求级数的和

$$S = \sum_1^\infty \frac{1}{x^2} = 1 + \frac{1}{2^2} + \frac{1}{3^2} + \cdots$$

【解】

```
>> syms x
>> S = symsum(1/x^2,1,inf)
S =
pi^2/6
```

【例 7.2-6】 求级数的和

$$A = 1 + x + x^2 + \cdots$$

【解】

```
>> syms x k
>> A = symsum(x^k,k,0,inf)
A =
piecewise([1 <= x,Inf],[abs(x) < 1, -1/(x - 1)])
```

7.2.4　泰勒级数

泰勒级数是用无限项连加式——级数来表示一个函数，这些相加的项由函数在某一点的导数求得。通过函数在自变量零点的导数求得的泰勒级数又叫作迈克劳林级数。taylor 函数

用来求符号表达式的泰勒级数展开式，taylor 函数的调用格式为：

taylor(f);　　 % f 是符号表达式,变量为默认变量,该函数返回 f 在变量等于 0 处的 5 阶迈克劳
　　　　　　　　林展开式

taylor(f,n);　 % 符号表达式 f 是以 v 为自变量,该函数返回 f 在 v = 0 处的 n − 1 阶迈克劳林展开式

taylor(f,n,v);　 % 返回 f 以 v 为自变量的 n − 1 阶泰勒展开式

taylor(f,n,v,a);% 返回 f 在 v = a 处 n − 1 阶泰勒展开式

【例 7. 2-7】 求 $f(x) = e^x$ 在 $x = 0$ 处的 8 阶泰勒级数展开式。

【解】

```
>> syms x
>> f = exp( x) ;
>> y = taylor( f,8)
y =
x^7/5040 + x^6/720 + x^5/120 + x^4/24 + x^3/6 + x^2/2 + x + 1
```

【例 7. 2-8】 求 $g(x) = xe^x$ 在 $x = 2$ 处的 6 阶泰勒级数展开式。

【解】

```
>> syms x
>> g = x * exp( x) ;
>> r = taylor( g,6,2)
r =
2 * exp(2) + 3 * exp(2) * ( x − 2) + 2 * exp(2) * ( x − 2)^2 + (5 * exp(2) * ( x − 2)^3)/6 + ( exp(2)
* ( x − 2)^4)/4 + (7 * exp(2) * ( x − 2)^5)/120
```

7. 2. 5　极限

极限是高等数学的一个很重要的概念，是微分学和积分学的基础。下列三种极限

$$\lim_{x \to a} f(x), \quad \lim_{x \to a^+} f(x), \quad \lim_{x \to a^-} f(x)$$

对应的函数分别为：limit(f,x,a)，limit(f,x,a,'right')和 limit(f,x,a,'left')。

【例 7. 2-9】 求极限

$$A = \lim_{t \to 0} \frac{kt}{kt}$$

【解】

```
>> syms k t
>> A = limit( sin( k * t)/( k * t) ,0)
A =
1
```

【例 7. 2-10】 求极限

$$B = \lim_{x \to \infty} \left(1 - \frac{1}{x} \right)^{kx}$$

【解】

```
>> syms f x k
>> f = ( 1 - 1/x)^( k * x);
>> B = limit( f, inf)
B =
1/exp( k)
```

7.3 符号方程求解

7.3.1 代数方程求解

代数方程是指由多项式组成的方程，有时也泛指由未知数的代数式所组成的方程。用 solve 命令解代数方程简单快捷。solve 的调用格式为：

solve(eq) ;　　　　　% 求解符号表达式 eq = 0 的代数方程, 自变量为默认变量, 其中 eq 可以是符号表达式或不带符号的字符串表达式

g = solve(eq, var) ;　　% 求解符号表达式 eq = 0 的代数方程, 自变量为 var。返回值 g 是由方程的所有解构成的列向量

如果方程形式为 $f(x) = g(x)$，则命令格式为

solve(f(x) = g(x))

【例 7.3-1】 求解方程 $5x^2 - 9x - 100 = 0$。

【解】

```
>> syms x
>> A = 5 * x^2 - 9 * x - 100;
>> solve( A)
ans =
9/10 - 2081^( 1/2)/10
2081^( 1/2)/10 + 9/10
```

这个方程的数值解为：

```
>> double( ans)
ans =
- 3. 6618
   5. 4618
```

【例 7.3-2】 求解方程 $ax^2 + bx + c = 0$。

【解】

```
>> syms x a b c
>> B = a * x^2 + b * x + c;
>> solve( B)
ans =
- ( b + ( b^2 - 4 * a * c)^( 1/2))/( 2 * a)
```

$-(b-(b^2-4*a*c)^{(1/2)})/(2*a)$

x 作为自变量时，命令 solve(f(x),x)中的 x 可以省略。如果把其他字母设为自变量，则在 solve 命令中不能省略。在例 7.1-13 中，关于自变量 b 的解为：

```
>> syms x a b c
>> B = a * x^2 + b * x + c;
>> b = solve(B,b)
b =
- (a * x^2 + c)/x
```

注意上述方程的形式为 $f(x) = 0$，如果方程的形式变为 $f(x) = g(x)$，则需要在 solve 命令中用单引号把方程括起来。

【例 7.3-3】 求解方程 $x^3 - 2x^2 = x$。

【解】

```
>> syms x
>> s = solve( ' x^3 - 2 * x^2 = x' )
s =
        0
1 - 2^(1/2)
2^(1/2) + 1
```

数值解为

```
>> double(s)
ans =
        0
- 0.4142
  2.4142
```

7.3.2　代数方程组求解

代数方程组求解也要用到命令函数 solve，其调用格式为：

solve('eq1' , 'eq2' ,...,x1,x2,...);   % eq1,eq2 指的是方程,x1、x2 表示未知量

【例 7.3-4】 求解关于 x, y, z 方程组

$$\begin{cases} x + y + z = m \\ x - y + z = n \\ x + y - z = q \end{cases}$$

【解】

```
>> syms x y z m n q
>> S = solve( 'x + y + z = m' , 'x - y + z = n' , 'x + y - z = q' , 'x' , 'y' , 'z' )
S =
    x:[1x1 sym]
```

```
        y: [1x1 sym]
        z: [1x1 sym]
  >> S. x
  ans =
  1/2 * n + 1/2 * q
  >> S. y
  ans =
  1/2 * m - 1/2 * n
  >> S. z
  ans =
  1/2 * m - 1/2 * q
```

【例 7.3-5】 求解关于 x 和 y 的方程组 $\begin{cases} ux^2 + vy + w = 0 \\ x + y + w = 0 \end{cases}$

【解】

```
  >> syms x y u v w
  >> S = solve( 'u * x^2 + v * y + w = 0' , 'x + y + w = 0' , 'x' , 'y' )
  S =
      x: [2x1 sym]
      y: [2x1 sym]
  >> S. x
  ans =
  (v + 2 * u * w + (v^2 + 4 * u * w * v - 4 * u * w)^(1/2))/(2 * u) - w
  (v + 2 * u * w - (v^2 + 4 * u * w * v - 4 * u * w)^(1/2))/(2 * u) - w
  >> S. y
  ans =
  -(v + 2 * u * w + (v^2 + 4 * u * w * v - 4 * u * w)^(1/2))/(2 * u)
  -(v + 2 * u * w - (v^2 + 4 * u * w * v - 4 * u * w)^(1/2))/(2 * u)
```

7.3.3　微分方程求解

在符号数学工具箱中，命令函数 dsolve 可用来求解常微分方程。其调用格式为：

　　　r = dsolve('eq1' , 'eq2' , … , 'cond1' , 'cond2' , … , 'v');

该调用格式是求由 eq1，eq2，…指定的常微分方程的符号解，参数 cond1，cond2，… 为指定常微分方程的边界条件或初始条件，自变量 v 如果不指定，将为默认自变量。

- 在微分方程中函数的 n 阶导数 $d^n y/t^n$ 用 Dny 表示。
- 若初始条件给定 $y(t_0) = m$，则求解的命令为 dsolve('eq' , 'y(t0) = m')。MATLAB 将 t 作为缺省独立变量。

【例 7.3-6】 求解微分方程 $\dfrac{dy}{dt} = 1 + y^2$，有 $y(0) = 1$。

【解】

```
>> dsolve( 'Dy = 1 + y^2' , 'y(0) = 1' )
ans =
tan( pi/4 + t)
```

【例 7.3-7】 求解微分方程

$$\begin{cases} \dfrac{\mathrm{d}^2 y}{\mathrm{d}x^2} = \cos 2x - y \\[2mm] \dfrac{\mathrm{d}y}{\mathrm{d}x}\bigg|_{x=0} = 0 \\[2mm] y(0) = 1 \end{cases}$$

【解】

```
>> y = dsolve( 'D2y = cos2 * x - y' , 'y(0) = 1' , 'Dy(0) = 0' , 'x' )
y =
cos( x) + cos2 * x - cos2 * sin( x)
```

7.3.4　微分方程组求解

命令函数 dsolve 不但可以解微分方程，而且可以解多个变量的常微分方程组，有无初始条件都可以求解。

【例 7.3-8】 求解微分方程

$$\begin{cases} \dfrac{\mathrm{d}y}{\mathrm{d}x} = 3y + 4z \\[2mm] \dfrac{\mathrm{d}z}{\mathrm{d}x} = -4y + 3z \end{cases}$$

【解】

```
>> S = dsolve( 'Dy = 3 * y + 4 * z' , 'Dz = -4 * y + 3 * z' , 'x' )
S =
    y:[1x1 sym]
    z:[1x1 sym]
>> y = S. y
y =
C2 * cos( 4 * x) * exp( 3 * x) + C1 * sin( 4 * x) * exp( 3 * x)
>> z = S. z
z =
C1 * cos( 4 * x) * exp( 3 * x) - C2 * sin( 4 * x) * exp( 3 * x)
```

7.4　积分变换

MATLAB 的符号数学工具箱（Symbolic Math Toolbox）提供了傅里叶（Fourier）变换、拉普拉斯（Laplace）变换和 Z 变换以及它们的逆变换的函数。符号数学工具箱提供的傅里叶变换、拉普拉斯变换主要针对于连续系统，也就是主要针对微分方程；Z 变换作用在离散系统，主要针对差分方程。另外 MATLAB 的数字信号处理工具箱（Signal Prcocessing Toolbox）提供了离散傅里叶变换（Discrete Fourier Transform）函数，能够进行频谱分析。MATLAB 的积分变换在工程以及应用数学领域是非常强大的工具。下面简要介绍上述变换的调用格式。

7.4.1　连续系统傅里叶变换和傅里叶逆变换

傅里叶变换的调用格式为：

```
F = fourier(f);          % 符号函数 f 的傅里叶变换,f 默认的变量为 x,F 默认返回 w 的函数
F = fourier(f,v);        % 符号函数 f 的傅里叶变换,F 是关于 v 的函数,而不是默认 w
F = fourier(f,u,v);      % 符号函数 f 的傅里叶变换,其中 f 是关于 u 的函数,F 是关于 v 的函数
```

【例 7.4-1】将 $f(x) = e^{-x^2}$ 进行傅里叶变换。

【解】

```
>> syms x;               % 由于是符号函数傅里叶变换,因此先定义符号
>> f = exp( – x^2);
>> fourier(f)
ans =
pi^(1/2)/exp(w^2/4)      % 返回是 w 的函数
```

傅里叶逆变换的调用格式为：

```
f = ifourier(F);         % 符号函数 F 的傅里叶逆变换,F 默认变量为 w,f 默认返回 x 的函数
f = ifourier(F,u);       % 符号函数 F 的傅里叶逆变换,f 是关于 u 的函数
f = ifourier(F,v,u);     % 符号函数 F 的傅里叶逆变换,F 是关于 v 的函数,f 是关于 u 的函数
```

【例 7.4-2】将 $f(w) = e^{-|w|}$ 进行傅里叶逆变换。

【解】

```
>> syms w real;
>> F = exp( – abs(w));
>> ifourier(F)
ans =
1/( pi * ( x^2 + 1))
```

7.4.2　连续系统拉普拉斯变换和拉普拉斯逆变换

（1）拉普拉斯变换的调用格式为：

```
L = laplace(f);          % 符号函数 f 的拉普拉斯变换,f 默认变量为 t,L 默认返回 s 的函数
L = laplace(f,t);        % 符号函数 f 的拉普拉斯变换, L 是关于 t 的函数
L = laplace(f,w,z);      % 符号函数 f 的拉普拉斯变换,f 是关于 w 的函数,L 是关于 z 的函数
```

【例 7.4-3】将 $f(t) = t^4$ 进行拉普拉斯变换。

【解】

```
>> syms t;
>> f = t^4;
>> laplace(f)
ans =
24/s^5
```

拉普拉斯逆变换的调用格式为：

```
f = ilaplace( L);              %符号函数 L 的拉普拉斯变换,L 默认变量为 s,f 默认返回 t 的函数
f = ilaplace( L,y);            %符号函数 L 的拉普拉斯变换,f 返回 y 的函数
f = ilaplace( L,y,x);          %符号函数 L 的拉普拉斯变换,L 是关于 y 的函数,f 是关于 x 的函数
```

【例 7.4-4】 对 $f(s) = \dfrac{1}{s^2}$ 进行拉普拉斯逆变换。

【解】

```
>> syms s;
>> f = 1/s^2;
>> ilaplace( f)
ans =
t
```

7.4.3 离散系统 Z 变换和逆 Z 变换

Z 变换的调用格式为：

```
F = ztrans( f);              %符号函数 f 的 Z 变换,f 默认变量为 n,F 默认返回 z 的函数
F = ztrans( f,w);            %符号函数 f 的 Z 变换,F 返回 w 的函数
F = ztrans( f,k,w);          %符号函数 f 的 Z 变换,f 是关于 k 的函数,F 是关于 w 的函数
```

【例 7.4-5】 将 $f(n) = n^4$ 进行 Z 变换。

【解】

```
>> syms n;
>> f = n^4;
>> ztrans( f)
ans =
( z^4 + 11 * z^3 + 11 * z^2 + z)/( z - 1)^5
```

逆 Z 变换的调用格式为：

```
f = iztrans( F);              %符号函数 F 的逆 Z 变换,f 默认变量为 n,F 默认返回 z 的函数
f = iztrans( F,k);            %符号函数 F 的逆 Z 变换,f 返回 k 的函数
f = iztrans( F,w,k);          %符号函数 F 的逆 Z 变换,F 是关于 w 的函数,f 返回 k 的函数
```

【例 7.4-6】 对 $F(z) = \dfrac{3z}{(z-2)^2}$ 进行逆 Z 变换。

【解】

```
>> syms z
>> F = 2 * z/( z - 2)^2;
>> iztrans( F)
ans =
2^n + 2^n * ( n - 1)
```

7.4.4 离散系统傅里叶变换

（1）离散傅里叶变换最常用的调用格式为：

$Y = \text{fft}(x)$;　　% 返回向量 x 的离散傅里叶变换，该值使用快速傅里叶算法计算

$Y = \text{fft}(x,N)$;　% 返回 N 点的离散傅里叶变换，由于使用快速傅里叶算法，N 的值一般取 2 的整数

（2）离散傅里叶逆变换最常用的调用格式为：

$y = \text{ifft}(X)$;　　　% 返回 X 的离散傅里叶逆变换

$y = \text{ifft}(X,N)$;　　% 返回 N 点的离散傅里叶逆变换

关于 fft( )函数和 ifft( )函数，可以参阅帮助文档。

7.5 符号表达式的化简

MATLAB 符号数学工具箱提供了化简符号表达式的各种函数，如多项式展开（expand）、因式分解（factor）、合并同类项（collect）、化简（simplify 和 simple）、分式通分（numden）。

1. expand 函数

expand 函数能对表达式 s 进行因式展开，常用于多项式、三角函数、指数函数和对数函数。其调用格式为：

$y = \text{expand}(s)$

【例 7.5–1】展开符号表达式：$(s^2+1)^2(s+3)$

【解】

```
>> syms s y
>> y = (s^2 + 1)^2 * (s + 3);
>> expand(y)
ans =
s^5 + 3 * s^4 + 2 * s^3 + 6 * s^2 + s + 3
```

2. factor 函数

factor 函数能将符号表达式进行因式分解，其调用格式为：

$\text{factor}(s)$;

其中，s 可以是正整数、符号整数、符号表达式或符号矩阵。当 s 为正整数时，因式分解的结果返回的是 s 的质数分解式。当 s 为符号表达式时，结果返回的是乘积形式。

【例 7.5–2】将符号表达式进行因式分解：$x^4 - y^4$。

【解】

```
>> syms x y z
>> z = x^4 - y^4;
>> factor(z)
ans =
(x - y) * (x + y) * (x^2 + y^2)
```

【例7.5-3】 对512和65进行因式分解。

【解】

```
>> factor(512)
ans =
     2    2    2    2    2    2    2    2    2
>> factor(65)
ans =
     5   13
```

3. collect 函数

collect 函数能进行符号表达式同类项合并，其调用格式：

```
y = collect(s);      % 将表达式 s 中相同次幂的项合并,其中 s 可以是符号表达式,也可以是符号矩阵
y = collect(s,v);    % 将表达式 s 中关于 v 的相同次幂项合并,v 的默认值是 x
```

【例7.5-4】 对$(x-y)(x+y)(x^2+y^2)$表达式分别以 x 和 y 合并同类项。

【解】

```
>> syms x y z
>> z = (x-y) * (x+y) * (x^2+y^2);
>> collect(z,x)
ans =
x^4 - y^4
>> collect(z,y)
ans =
 - y^4 + x^4
```

从例7.5-4可以看出，由于根据不同的条件 x 或 y 进行合并，同一个符号表达式合并后会有不同的结果表现形式。因此，在实际应用中需要选择适当的合并条件。

4. simplify 和 simple 函数

simplify 和 simple 能根据一定规则对符号表达式进行化简，它可以完成对指数、对数、三角函数等各种数学表达式的化简。而函数 simple 将化简结果及所使用的方法均列出来，这些方法中就包括 simplify。其中函数 simplify 的调用格式为：

```
y = simplify(s);
```

其中，s 为符号表达式或符号矩阵，y 是化简后的结果。

simple 的调用格式为：

```
y = simple(s);
```

simple 函数使用不同的变换简化规则来对符号表达式进行化简，返回表达式 s 的最简形式。如果 s 是符号表达式矩阵，则返回表达式矩阵的最短形式，而不一定是使每一项都最短；如果不给定输出参数 r，该函数将显示所有使表达式 s 最短的化简方式，并返回其中最短的一个表达式。

```
[r,how] = simple(s);
```

该格式不显示化简的中间结果，只是显示寻找到的最短形式以及所有可以使用的化简方法。r 表示符号表达式的结果；how 则表示具体使用的方法，包括 simplify、expand、factor、combine（将表达式中以求和、乘积、幂运算等形式出现的各项合并）、radsimp（对含根式的表达式进行化简）、convert、collect。关于更详细介绍请查阅帮助文档。

【例 7.5-5】simple 化简示例。

【解】

```
>> syms x y
>> y = cos(x)^2 + sin(x)^2;
>> [r,how] = simple(y)
r =
1
how =
simplify
```

7.6　可视化数学分析界面

MATLAB 的符号数学工具箱为符号函数可视化提供了简便易用的指令。本节介绍两个进行数学分析的可视化界面，一个是由 funtool 指令引出的符号函数计算器，另一个是由 taylortool 指令引出的泰勒级数逼近分析界面。

7.6.1　图示化符号函数计算器

对于习惯使用计算器或者只作一些简单的符号运算与图像处理的读者，可以使用图示化符号函数计算器。在命令行窗口输入提示符后输入：

```
>> funtool
```

回车后出现图示化符号函数计算器界面如图 7-1 所示。该界面由两个图形窗口（Figure 1 和 Figure2）以及一个函数运算控制窗口 Figure3，共三个独立窗口组成。其中 Figure3 是最重要的窗口，Figure3 中的"f ="框中输入的函数控制 Figure1 窗口中的图形，"g ="框中输入的函数控制 Figure2 窗口中的图形。如图 7-1 所示，Figure1 显示的是"f = cos(x) * x"的图像；Figure2 显示的是"g = 2/(5 + 4cos(x))"的图像。

Figure3 窗口的下半部分为一些按键，其中：

- 第 1 排按键只对 f 起作用，如微分、积分、化简、提取分子和分母、计算 1/f、求反函数。
- 第 2 排按键处理 f 与 a 之间的加、减、乘、除运算。
- 第 3 排前 4 个按键处理 f 和 g 之间的加、减、乘、除运算。第 5 个键求复合函数、第 6 个键把 f 函数传递给 g、swap 键实现 f 和 g 的互换。
- 第 4 排键用于计算机自身的操作。

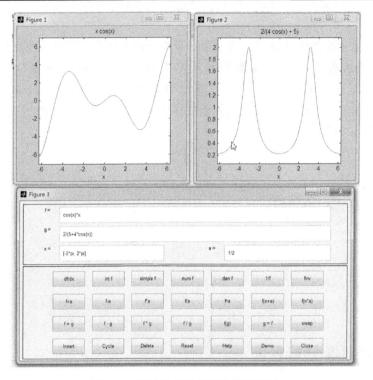

图 7–1　图示化符号函数计算器界面

7.6.2　泰勒级数逼近分析器

在命令行窗口输入提示符后输入：

>> taylortool

按回车键后可以看到泰勒级数逼近分析器界面如图 7–2 所示。该界面可以观察 f(x) 在给定区间上被 N 阶泰勒多项式 $T_N(x)$ 逼近的情况。在界面 f(x) 的框中可以键入表达式，$T_N(x)$ 会

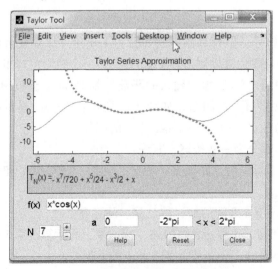

图 7–2　泰勒级数逼近分析器界面

自动给出泰勒级数多项式。界面中的"N"默认为 7，可以直接输入阶数或按该键右侧的键改变阶次。界面中的"a"是级数展开点，默认为 0。函数观察区间默认为($-2*\text{pi},2*\text{pi}$)。

7.7　应用实例——线性时不变连续系统时域分析

线性时不变连续系统经常用微分方程来描述：

$$y^{(n)}(t) + a_{(n-1)}y^{(n-1)}(t) + \cdots + a_1 y^{(1)}(t) + a_0 y(t)$$
$$= b_m f^{(m)}(t) + b_{(m-1)}f^{(m-1)}(t) + \cdots + b_1 f^{(1)}(t) + b_0 f^{(t)}$$

其中，$y(t)$ 是响应；$f(t)$ 是激励。线性时不变连续时间系统的时域分析方法是对于给定的激励，根据描述系统响应与激励之间关系的微分方程，求解系统响应的方法。如果按照高等数学中微分方程的经典方法，可以得到奇次解和特解。奇次解对应着系统的自由响应，特解对应着系统的强迫响应。还可以按照电路分析的方法，把系统的响应分为零输入响应和零状态响应。当激励为零，仅由系统初始状态引起的响应，叫作零输入响应。当系统的初始状态为零，仅由输入信号引起的响应，叫作零状态响应。不论按照微分方程的经典解法得到的自由响应与强迫响应和，还是按照电路分析的方法得到的零输入响应与零状态响应的和，它们是相等的，即系统的全响应是相等的。下面我们按照零输入和零状态的方法进行线性时不变连续系统时域分析。

当系统的初始状态为零，输入为单位冲激函数时，系统的响应称为单位冲激响应。当系统的初始状态为零，输入为单位阶跃函数时，系统的响应称为单位阶跃响应。

【例 7.7-1】已知某线性时不变系统的微分方程为：$y''(t) + 5y'(t) + 6y(t) = f(t)$，求输入 $f(t) = 2e^{-t}$，$t \geq 0$；$y(0_-) = 2$，$y'(0_-) = -1$ 时的零输入响应、零状态响应、冲激响应、阶跃响应。

【解】先求零输入响应，再求零状态响应，两部分加在一起就是系统的全响应。在 M 文件编辑器中输入下列命令，并保存文件为 example 76_1. m。

```
%%求零输入响应
equ1 = 'D2y + 5 * Dy + 6 * y = 0' ;              %零输入微分方程
ic1 = 'y(0) = 1,Dy(0) = 1' ;                     %输入初始状态
yzi = dsolve(equ1,ic1)                           %解微分方程,得到零输入响应
%%求零状态响应
equ2 = 'D2y + 5 * Dy + 6 * y = 2 * exp( -t) * heaviside(t)' ;   %给定输入条件下的微分方程
ic2 = 'y(0) = 0,Dy(0) = 0' ;                     %初始状态设为 0
yzs = dsolve(equ2,ic2)                           %求解微分方程,得到零状态响应
%%求冲击响应
equ3 = 'D2y + 5 * Dy + 6 * y = dirac(t)' ;       %冲击响应方程,dirac(t)产生单位冲激信号
ic3 = 'y( -0.01) = 0,Dy( -0.01) = 0' ;           %初始状态设为 0
h = dsolve(equ3,ic3)                             %求解微分方程,得到冲激响应
%%求阶跃响应
equ4 = 'D2y + 5 * Dy + 6 * y = heaviside(t)' ;   %阶跃响应方程,heaviside(t)产生阶跃信号
ic4 = 'y( -0.01) = 0,Dy( -0.01) = 0' ;           %初始状态设为 0
g = dsolve(equ4,ic4) ;                           %求解微分方程,得到阶跃响应
```

　　g = simplify(g)　　　　　　　　　　　　　　　% 化简阶跃响应

运行 example76_1. m，得到零输入响应、零状态响应、冲激响应和阶跃响应分别如下：

yzi =

4/exp(2 * t) − 3/exp(3 * t)

yzs =

(2 * heaviside(t) * (exp(t) −1))/exp(2 * t) − (heaviside(t) * (exp(2 * t) −1))/exp(3 * t)

h =

heaviside(t)/exp(2 * t) − heaviside(t)/exp(3 * t)

g =

(heaviside(t) * (exp(t) −1)^2 * (exp(t) +2))/(6 * exp(3 * t))

第8章 MATLAB 仿真

MATLAB 不仅能够应用于高等数学、线性代数等基础课程的学习，而且在电子信息等专业的专业课程学习中也发挥着重要作用。本章介绍 MATLAB 在电路分析、信号与系统、数字信号处理、通信原理、自动控制原理以及数字图像处理课程中的应用。

8.1 MATLAB 电路分析仿真

基本的电阻电路、动态电路以及正弦稳态电路等的分析都可应用 MATLAB 进行。在进行电路分析时，应用 MATLAB 对电路方程进行求解，可避免复杂的数据计算，提高运算效率。

8.1.1 电阻电路

无源元件全部为电阻的电路称为电阻电路。若电阻与电路中的受控源均是线性的，则该电路称为线性电阻电路。在线性电阻电路中，由于电阻的电压与电流之间具有线性性质，所以求解电流、电压问题都可以归类为线性代数方程（组）的求解问题。用户首先需要根据电路原理列出相应节点或回路的电流、电压方程（组），然后再应用 MATLAB 的数值计算方法，求解待求的电压、电流值。

【例 8.1-1】电阻电路如图 8-1 所示，已知 $R_1 = R_2 = R_3 = 1\,\Omega$，$R_4 = R_5 = R_6 = 2\,\Omega$，$u_{S1} = 4\,V$，$u_{S2} = -2\,V$，求 I_3。

电阻电路可用回路电流法、支路电流法、节点电压法等方法求解，本例给出回路电流法和支路电流法两种求解 I_3 的方法。

【解】

解法一：回路电流法。回路电流法以回路电流为变量，根据基尔霍夫电压定律（KVL），列写电路的独立回路组的 KVL 方程。如图 8-1 所示，将 3 个网孔作为选取的独立回路组，则回路电流法的 KVL 方程组为

$$
\begin{aligned}
(R_1 + R_6 + R_2)I_1 - R_6 I_3 - R_2 I_2 &= -u_{S1} \\
(R_2 + R_4 + R_5)I_2 - R_2 I_1 - R_5 I_3 &= -u_{S2} \\
(R_3 + R_5 + R_6)I_3 - R_6 I_1 - R_5 I_2 &= u_{S2}
\end{aligned}
\tag{8-1}
$$

将各电阻的数值代入方程组（8-1）得

$$
\begin{aligned}
4I_1 - I_2 - 2I_3 &= -4 \\
-I_1 + 5I_2 - 2I_3 &= 2 \\
-2I_1 - 2I_2 + 5I_3 &= -2
\end{aligned}
\tag{8-2}
$$

方程组（8-2）可表示为 $Ax = b$ 的形式，即

$$
\begin{bmatrix} 4 & -1 & -2 \\ -1 & 5 & -2 \\ -2 & -2 & 5 \end{bmatrix}
\begin{bmatrix} I_1 \\ I_2 \\ I_3 \end{bmatrix}
=
\begin{bmatrix} -4 \\ 2 \\ -2 \end{bmatrix}
\tag{8-3}
$$

根据式（8-3），由 MATLAB 求线性方程组解的方法，即可求出 I_3。

在 M 文件编辑器中输入下列命令，并保存文件为 example 81_1. m。

```
clear
A = [4, -1, -2; -1,5, -2; -2, -2,5];
b = [ -4,2, -2];
I = A\b;
disp([' 电流 I3 为: ' ,num2str(I(3)), ' A' ])
```

程序运行结果为：

电流 I3 为：-1. 2941A

解法二：应用支路电流法。各支路电流设置如图 8-2 所示。该电路共有 6 条支路和 4 个
结点，所以支路电流法需首先根据基尔霍夫电流定律（KCL）列出 3 个独立的结点电流方
程，再列写 3 个独立的 KVL 方程并将回路中各电阻电压用电阻与支路电流的乘积表示。三
个结点①、②、③的 KCL 方程为

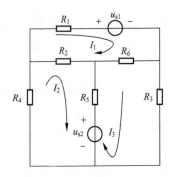
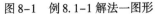
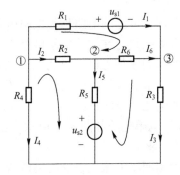

图 8-1　例 8.1-1 解法一图形　　　　图 8-2　例 8.1-1 解法二图形

$$I_1 + I_2 + I_4 = 0$$
$$-I_2 + I_5 + I_6 = 0 \tag{8-4}$$
$$I_1 - I_3 + I_6 = 0$$

选择的 3 个独立回路如图 8-2 所示，其 KVL 方程分别为

$$R_1 I_1 - R_6 I_6 - R_2 I_2 = -u_{S1}$$
$$R_2 I_2 - R_4 I_4 + R_5 I_5 = -u_{S2} \tag{8-5}$$
$$R_6 I_6 + R_3 I_3 - R_5 I_5 = u_{S2}$$

将各电阻数值代入方程组（8-5），并结合方程组（8-4），可得

$$
\begin{bmatrix}
1 & 1 & 0 & 1 & 0 & 0 \\
0 & -1 & 0 & 0 & 1 & 1 \\
1 & 0 & -1 & 0 & 0 & 1 \\
1 & -1 & 0 & 0 & 0 & -2 \\
0 & 1 & 0 & -2 & 2 & 0 \\
0 & 0 & 1 & 0 & -2 & 2
\end{bmatrix}
\begin{bmatrix}
I_1 \\ I_2 \\ I_3 \\ I_4 \\ I_5 \\ I_6
\end{bmatrix}
=
\begin{bmatrix}
0 \\ 0 \\ 0 \\ -4 \\ 2 \\ -2
\end{bmatrix}
\tag{8-6}
$$

由方程组（8-6），该电路的支路电流法的 MATLAB 求解方法为：

A = [1,1,0,1,0,0;0, -1,0,0,1,1;1,0, -1,0,0,1;1, -1,0,0,0, -2;0,1,0, -2,2,0;0,0,1,0, -2,2]

b = [0,0,0, -4,2, -2] ;

I = A\b;

disp(['电流 I3 为 ',num2str(I(3)),' A'])

程序的运行结果是：

电流 I3 为：- 1. 2941A

根据例 8. 1-1 可归纳应用 MATLAB 求解电路问题的步骤如下。

1）根据电路原理列出电路的电流电压方程（组）。

2）应用 MATLAB 求线性方程组的解的方法求出未知量。

【例 8. 1-2】已知电路如图 8-3 所示，$R_1 = 2\ \Omega$，$R_2 = R_3 = 1\ \Omega$，$u_{S1} = 4\ V$，$u_{S2} = 2\ V$，$i_{S1} = 1\ A$，求电阻 R_2 的电流。

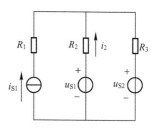

【解】本题可应用电路的叠加定理求解。根据叠加定理，电阻 R_2 的电流等于各电源单独作用于 R_2 时产生的电流的线性叠加。当电流源单独作用于电路时，两个电压源相当于短路。而电压源单独作用于电路，电流源相当于开路。

图 8-3　例 8. 1-2 的图

三个电源单独作用于电路时产生的电流分别等于

$$i_{21} = i_{S1}R_1/R_2 = 1 \times 2/1 = 2\ A$$
$$i_{22} = u_{S1}R_2/(R_2 + R_3) = 4 \times 1/(1 + 1) = 2\ A$$
$$i_{23} = u_{S2}R_2/(R_2 + R_3) = 2 \times 1/(1 + 1) = 1\ A$$

电阻 R_2 的电流 i_2 等于

$$i_2 = -i_{21} + i_{22} - i_{23} = -1\ A$$

实现本题中 R_2 的电流求解的程序为 example81_2. m：

```
clear
R1 = 2;
R2 = 1;
R3 = 1;
U1 = 4;
U2 = 2;
Is = 1;
I21 = Is * R1/R2;
I22 = U1 * R2/(R2 + R3) ;
I23 = U2 * R2/(R2 + R3) ;
I2 = - I21 + I22 - I23;
sprintf('R2 的电流为 i2 = % dA' ,I2)
```

程序的运行结果是：

R2 的电流为 i2 = - 1A

8.1.2　一阶电路

一阶电路属于动态电路，也称为一阶动态电路。动态电路指含有储能元件（电容或电感）的电路。当动态电路的结构发生变化时，储能元件将存储或释放能量，而且需要一个过程，因此电路也需要一定的时间才能再次达到稳态。一阶电路是指只含有一个电容元件或只含有一个电感元件的动态电路，其方程为一阶线性常微分方程。

当非零初始状态的一阶电路受到激励时，电路的响应称为全响应。一阶电路的全响应 $f(t)$ 由初始值 $f(0_+)$、稳态解 $f(\infty)$ 和时间常数 τ 三个要素决定，其数学表达式为

$$f(t) = f(\infty) + [f(0_+) - f(\infty)] e^{-t/\tau} \tag{8-7}$$

【例8.1-3】 已知电路如图8-4所示，电感无初始储能，$U = 6\text{V}$，$R_1 = 5\,\Omega$，$R_2 = 3\,\Omega$，$t = 0$ 时开关 S_1 合上，$t = 0.1\text{s}$ 时开关 S_2 合上，求两次换路后的电感电流。

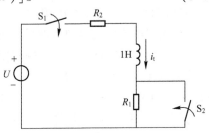

图8-4　例8.1-3 的图

【解】 根据动态电路的三要素解法，求得 $t = 0$ 开关 S_1 合上后电感电流的初始值、稳态解与时间常数，即可求出从 $t = 0$ 开关 S_1 合上后到 $t = 0.1\text{s}$ 时开关 S_2 合上之前的电感电流。

当 $0 < t < 0.1\text{s}$ 时，

初始值：
$$i(0_+) = i(0_-) = 0$$

时间常数：
$$\tau_1 = \frac{L}{R_1 + R_2} = \frac{1}{5+3} = 0.125\text{s}$$

稳态解：
$$i(\infty) = \frac{u}{R_1 + R_2} = \frac{6}{5+3} = 0.75\text{A}$$

依据式（8-7），由三要素法可得 $0 < t < 0.1\text{s}$ 时电感电流为：
$$i_t = i(\infty) + [i(0_+) - i(\infty)] e^{-t/\tau_1} = 0.75(1 - e^{-8t})\text{A}$$

当 $t > 0.1\text{s}$ 时，将开关 S_2 合上后的三要素分别求出，
$$i(0.1_+) = i(0.1_-) = 0.75(1 - e^{-8 \times 0.1}) = 0.413\text{A}$$
$$\tau_2 = \frac{L}{R_2} = \frac{1}{3}\text{s} = 0.333\text{s}$$
$$i(\infty) = \frac{U}{R_2} = \frac{6}{3} = 2\text{A}$$

依据式（8-7），由三要素法可得 $t > 0.1\text{s}$ 时电感电流为：
$$i_t = i(\infty) + [i(0.1_+) - i(\infty)] e^{-(t-0.1)/\tau_2} = 2 + (0.413 - 2) e^{-3(t-0.1)} = 2 - 1.587 e^{-3(t-0.1)}\text{A}$$

由于该电路为动态电路，所求解的电感电流随时间发生变化，用 MATLAB 可求解离散时间点上的电感电流值。在 M 文件编辑器中输入下列命令，并保存文件为 example81_3. m：

```
clear
clc
U = 6;
R1 = 5;
R2 = 3;
```

```
L = 1;
ts = 0. 1;
te = 4;
t1 = 0:0. 01:ts;                                    % 开关 S1 合上后到开关 S2 合上之前的时间段
ichu1 = 0;
tao1 = L/(R1 + R2);
iwq1 = U/(R1 + R2);
i1 = iwq1 + [ichu1 - iwq1] * exp( - t1/tao1);       % 开关 S1 合上后到开关 S2 合上之前的电感电流
t2 = ts:0. 1:te;                                    % 开关 S2 闭合之后的时间段
ichu2 = iwq1 + [ichu1 - iwq1] * exp( - ts/tao1);
tao2 = L/R2;
iwq2 = U/R2;
i2 = iwq2 + [ichu2 - iwq2] * exp( - (t2 - ts)/tao2); % 开关 S2 闭合之后的电感电流
figure(1),
plot([t1,t2],[i1,i2]),
axis([0 4 0 3])
xlabel( \it{t} )
ylabel( \it{i} _{t} )
grid on
```

程序运行后，电感电流随时间变化的曲线如图 8-5 所示，当 $t > 1.5\,\mathrm{s}$ 之后，电感电流逐渐趋向于其稳态值 2 A。

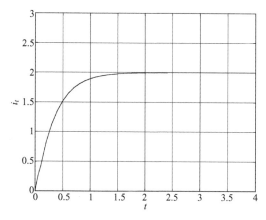

图 8-5　电感电流曲线图

8.1.3　正弦稳态电路

大小和方向随时间周期变化的电压和电流称为交流电。若电压、电流均为时间 t 的正弦函数，该交流电被称为正弦交流电。正弦交流电的可以表示为：$i = I_{\mathrm{m}}\sin(\omega t + \phi)$，其中 I_{m} 为振幅，ω 为角频率，ϕ 为初相位。振幅、角频率与初相位是正弦交流电的电压与电流的三要素。

激励源是正弦量，电路中的电压、电流也均为与激励源同频率的正弦量的电路称为正弦稳态电路。相量法是进行正弦稳态电路分析的常用方法。该方法用一个复数相量表示正弦量。$i = I_m \sin(\omega t + \phi)$ 中的电流 i 用向量法表示，其相量形式为：

$$\dot{I} = I\angle\phi \tag{8-8}$$

式中，I 是电流 i 的有效值，其意义是在电路的一个周期的时间内，与电流 i 产生相同效应的直流电的电流值。正弦交流电的 I_m 与 I 的关系是 $I_m = \sqrt{2}I$。

【例 8.1-4】 图 8-6 所示电路中，$u_S = 160\sqrt{2}\cos(1000t)$ V，$R = 20\,\Omega$，$L = 40$ mH，$C = 20\,\mu$F，求电流表的读数（有效值）。

【解】 应用相量法对该正弦稳态电路进行分析，则

电源电压为 $\dot{U}_S = 160\angle 0°$V

电阻阻抗为 $Z_R = R = 20\,\Omega$

电感感抗为 $Z_L = j\omega L$

电容容抗为 $Z_C = -j\dfrac{1}{\omega C}$

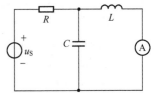

图 8-6　例 8.1-4 电路

电路总阻抗等于 $Z = Z_R + (Z_L // Z_C)$

电流表的电压等于 $\dot{U} = \dot{U}_S \dfrac{Z_L // Z_C}{Z}$

则电流表的电流为 $\dot{I} = \dfrac{\dot{U}}{Z_L}$

电流表的读数即为电流 $\dot{I}$ 的模值。

根据上述分析，求解该电路的电流表读数的方法为程序 example81_4. m：

```
clear
clc
w = 1000;
ZR = 20;
Us = 160;
ZL = j * w * 0.04
ZC = -j * (1/(w * 20 * 1e - 6));
Z1 = (ZL * ZC)/(ZL + ZC);
Z = ZR + Z1;
U = Us * (Z1/Z);
I = U/ZL;
Iy = abs(I)
```

程序运行结果为：

```
Iy =
3.9801
```

程序中的变量 I 为电流表电流的相量形式转换为复数后的值，因此 I 的模值即为电流表的读数，所以程序的最后一句应用求复数模值的函数 abs 将电流表的读数求出。另外函数 angle 可求解复数的相角，其结果的单位为弧度。

8.2　MATLAB 信号与系统仿真

在信号与系统的学习中，应用 MATLAB 的符号运算，可方便地求解信号的傅里叶变换、拉普拉斯变换以及 Z 变换的表达式。而应用 MATLAB 的数值运算方法，信号与系统课程中涉及的时域与频域的卷积运算、信号的频谱分析、复频域分析等也都能实现。

8.2.1　周期信号频谱分析

信号的频谱函数即为它的傅里叶变换。信号的频谱可分为幅度谱与相位谱，它们分别由信号的基波和各次谐波的振幅、相位按频率的大小依次排列而成。周期连续时间信号的频谱具有离散性、谐波性和收敛性三个特点。例如以原点为奇对称中心的周期矩形脉冲，可以用它的基波及其各奇次谐波合成。周期矩形脉冲的周期的倒数即为它的频率，也称为基波频率。奇次谐波的频率等于基波频率的奇数倍。幅度为 1 以原点为奇对称中心的周期矩形脉冲可表示为

$$y(t) = \frac{4}{\pi} \left[\sin(\omega t) + \frac{1}{3}\sin(3\omega t) + \frac{1}{5}\sin(5\omega t) + \cdots + \frac{1}{2n-1}\sin((2n-1)\omega t) \right] \quad (8\text{-}9)$$

式中，$y(t)$ 为以基波及其各奇次谐波合成的以原点为奇对称中心的周期矩形脉冲，$\omega = 2\pi f$ 为角频率，f 为周期矩形脉的频率。

【例 8.2-1】　设幅度为 1 的以原点为奇对称中心的周期矩形脉冲的频率为 $f = 50$ Hz，令采样频率为 2555 Hz，求时间 t 在 $-0.1 \sim 0.1$ s 时，周期矩形脉冲的波形。并画出用基波，1、3 次谐波，1、3、5、7、9 次谐波，1、3、5、$\cdots$、19、999 次谐波合成的近似周期矩形脉冲的波形。

【解】　周期矩形脉冲的幅度为 1、频率 f 已知，将不同阶次的谐波数代入式（8-9）即可求出合成信号的波形。在 M 文件编辑器中输入下列命令，并保存文件为 example82_1.m。

```
clear
close all
f = 50;
w = 2 * pi * f;
Fs = 2555;
ts = 1/Fs;                      % 采样周期
t = -0.1:ts:0.1;
y3 = ns(w,t,3);                 % 3 次谐波拟合
y9 = ns(w,t,9);                 % 9 次谐波拟合
y19 = ns(w,t,19);               % 19 次谐波拟合
y1000 = ns(w,t,1000);           % 1000 次谐波拟合
y = square(w * t,50);
figure(1),subplot(221),plot(t,y3,:),hold on,
plot(t,y),hold off
title( 3 次谐波合成信号 )
xlabel( \it|t| )
```

```
legend( 方波 , 拟合值 )
subplot(222),plot(t,y9,:),hold on,plot(t,y),hold off
title( 9 次谐波合成信号 )
xlabel( \it{t} )
legend( 方波 , 拟合值 )
subplot(223),plot(t,y19,:),hold on,plot(t,y),hold off
title( 19 次谐波合成 )
xlabel( \it{t} )
legend( 方波 , 拟合值 )
subplot(224),plot(t,y1000,:),hold on,plot(t,y),hold off
axis([ -0.04 0.04  -2 2])
title( 1000 次谐波合成 )
xlabel( \it{t} )
legend( 方波 , 拟合值 )
k = length(t);
F3 = abs(fft(y3,k));                %3 次谐波的幅度谱
F9 = abs(fft(y9,k));                %9 次谐波的幅度谱
F19 = abs(fft(y19,k));             %19 次谐波的幅度谱
m = k/2;
w = (1:m) * Fs/k;
figure(2),
%绘制 3 次谐波拟合值的频谱,基于频谱的对称性,只显示 1:k/2 之间的频谱
subplot(121),stem(w,F3(1:m)),
xlabel( \it{f} )
title( 频谱 )
subplot(122),stem(w,F9(1:m))
title( 频谱 )
xlabel( \it{f} )
```

该程序调用了 ns 函数, ns 是自定义函数, 实现式 (8-9) 的 n 次谐波的拟合功能。在 M 文件编辑器中输入下列命令, 并保存文件为 ns. m。

```
function y = ns(w,t,N)
y = 0;
for m = 1:2:N                      %N 为方波拟合的总阶次
    y = y + 1/m * sin(m * w * t);  %w 为角频率,t 为时间
end
y = y * 4/pi;
```

程序还调用 MATALB 信号处理工具箱中的周期矩形脉冲的产生函数 square。其调用格式为:

```
square(T);         %产生一个周期为 2π 的矩形脉冲函数。其最大值为 1,最小值为 -1. 函数
                     自变量取值为相量 T 的各元素的值
square (T,duty);   %产生一个占空比 duty、周期为 2π 的矩形脉冲函数
```

square(w * T,duty)；% 产生一个占空比 duty、周期为 2π/w 的矩形脉冲函数

由以上说明可知，square(w * t,50)产生一个周期为 2π/w、占空比为 50%、幅值为 ±1 的周期性矩形脉冲。

各次谐波拟合的结果如图 8-7 所示。从图 8-7 中可见，合成时使用的谐波的阶次越高，合成结果越接近周期矩形脉冲，这说明周期矩形脉冲信号的频谱可由离散频率点上(ω,3ω, 5ω,…)频谱值表示，即其频谱是离散的。该性质对所有的周期信号都成立。从图 8-7 中还可看出，使用 1000 次谐波合成时，合成信号的误差非常小，已达到很高的拟合精度。3 次谐波拟合值与 9 次谐波拟合值的频谱如图 8-8 所示。从图 8-8 中可见，3 次谐波的频谱有 2 个较大的值，分别对应基波频率与 3 倍基波频率。9 次谐波的频谱有 5 个较大的值，分别对应基波频率与 3、5、7、9 倍基波频率。但由于程序只截取 t 在[-0.1,0.1]内的周期矩形脉冲，所以产生频谱泄露，使频谱存在不等于零的其他频率点。

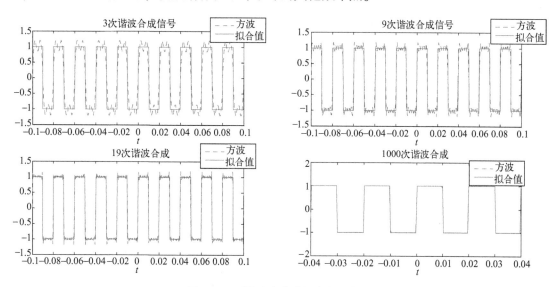

图 8-7　不同阶次谐波拟合方波结果

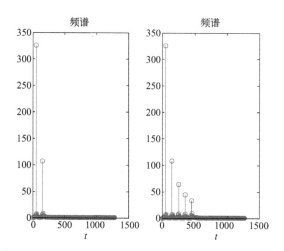

图 8-8　3 次与 9 次谐波拟合值的频谱

8.2.2 非周期信号频谱分析

非周期信号的频谱为连续谱。常用的非周期信号有矩形脉冲、三角脉冲、锯齿脉冲、单边指数脉冲以及梯形脉冲等，这些非周期信号的频谱实质上是对时域信号进行傅里叶正变换得到的频域信号。

以梯形脉冲 $f(t)$ 为例，其数学表达式为：

$$f(t) = \begin{cases} 1, & |t| < \dfrac{\tau_1}{2} \\[2mm] \dfrac{\tau}{\tau - \tau_1}, & \dfrac{\tau_1}{2} < |t| < \dfrac{\tau}{2} \\[2mm] 0, & \dfrac{\tau}{2} < |t| \end{cases} \tag{8-10}$$

梯形脉冲 $f(t)$ 的傅里叶变换为：

$$F(jw) = \frac{8}{w^2(\tau - \tau_1)} \sin\left[\frac{w(\tau + \tau_1)}{4}\right] \times \sin\left[\frac{w(\tau - \tau_1)}{4}\right] \tag{8-11}$$

【例 8.2-2】 编程求式（8-10）的梯形脉冲及其频谱。

【解】 因为梯形脉冲式及其频谱表达式都已知，该例只需将式（8-10）与式（8-11）的函数值实现即可。在 M 文件编辑器中输入下列命令，并保存文件为 example82_2. m。

```
clear
tz = -5:5;
t = 5;
t1 = 3;
f = tixing(tz,t1,t);
w = -2 * pi:pi/50:2 * pi;
F = 8./(w.^2 * (t - t1)). * sin(w * (t + t1)/4). * sin(w * (t - t1)/4);
figure(1),plot(tz,f)
title('梯形脉冲')
xlabel('\it{t}')
axis([min(tz) max(tz) -0.5 1.5])
grid on
figure(2),plot(w,F)
title('梯形脉冲的傅里叶变换')
xlabel('\it{w}')
ylabel('傅里叶变换模值')
```

程序调用的实现梯形脉冲的函数 tixing 的代码如下，该程序应用关系运算符与逻辑运算符来判断函数取值的不同分段区间，以实现定义域内不同区间的函数值。在 M 文件编辑器中输入下列命令，并保存文件为 tixing. m。

```
function y = tixing(x,t1,t)
s1 = abs(x) < t1/2;
s2 = abs(x) > t1/2 & abs(x) < t/2;
```

```
s3 = abs(x) > t/2;
[m,n] = size(x);
y = zeros(m,n);
y(s1) = 1;
y(s2) = t/(t - t1) * (1 - 2 * abs(x(s2))/t);
y(s3) = 0;
```

图 8-9 为程序运行后画出的图形。

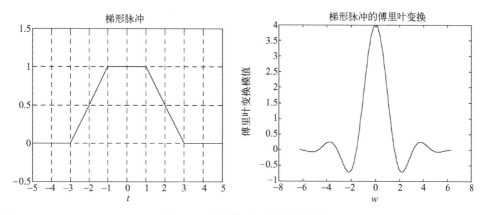

图 8-9　梯形脉冲及其频谱模值

【例 8.2-3】编写程序实现将式（8-10）中的梯形脉冲向右平移 3 个时间单位，并画出平移后的梯形脉冲及其频谱的图形。

【解】应用例 8.2-2 中程序的自定义函数 tixing，只需将自变量 tz 向右平移 3 个时间单位即可实现平移后的梯形脉冲函数。在 M 文件编辑器中输入下列命令，并保存文件为 example82_3. m。

```
clear
tz = -5:5;
t = 5;
t1 = 3;
f = tixing(tz,t1,t);
w = -2 * pi:pi/50:2 * pi;
F = 8./(w.^2 * (t - t1)). * sin(w * (t + t1)/4). * sin(w * (t - t1)/4);
figure(1),plot(tz,f)
axis([min(tz) max(tz) -0.5 1.5])
title('梯形脉冲')
xlabel('\it{t}')
grid on
figure(2),plot(w,F)
title('梯形脉冲的傅里叶变换')
xlabel('\it{w}')
ylabel('傅里叶变换模值')
```

程序运行结果如图 8-10 所示。在时域，梯形脉冲向右平移 3 个时间单位。而平移前后信号的幅度谱相同。

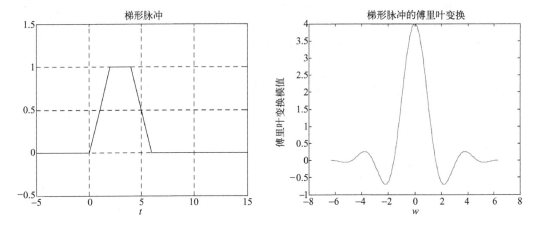

图 8-10   函数及其频谱模值

8.2.3 连续时间系统复频域分析

连续时间系统的复频域分析是系统分析中一个重要概念。拉普拉斯变换是复频域分析的有力数学工具，它将描述系统的时域微分方程变换为 s 域代数方程。在复频域分析中，独立变量是复频率 s。连续时间系统的复频域分析可以用来求解系统在任意激励作用下的零输入响应、零状态响应与全响应。

【例 8.2-4】线性时不变系统的微分方程 $y''(t) + 3y'(t) + 2y(t) = f'(t) + 6f(t)$，初始状态为 $y(0_-) = 2$，$y'(0_-) = 1$，输入为 $f(t) = \varepsilon(t)$，求系统的零输入响应和零状态响应。

【解】对微分方程取拉普拉斯变换，有

$$s^2 Y(s) - sy(0_-) - y'(0_-) + 3sY(s) - 3y(0_-) + 2Y(s) = 3sF(s) + 2F(s)$$

即

$$(s^2 + 3s + 2)Y(s) - [sy(0_-) + y'(0_-) + 3y(0_-)] = 3sF(s) + 2F(s)$$

则

$$Y(s) = \frac{sy(0_-) + y'(0_-) + 3y(0_-)}{s^2 + 3s + 2} + \frac{3s+2}{s^2 + 3s + 2}F(s)$$

$$Y_{zi}(s) = \frac{sy(0_-) + y'(0_-) + 3y(0_-)}{s^2 + 3s + 2} = \frac{2s+7}{(s+2)(s+1)} = \frac{5}{(s+2)} - \frac{3}{(s+1)}$$

$$Y_{zs}(s) = \frac{s+6}{s^2 + 3s + 2}\varepsilon(s) = \frac{s+6}{s^2 + 3s + 2} \cdot \frac{1}{s} = \frac{3}{s} + \frac{2}{(s+2)} - \frac{5}{(s+1)}$$

对以上两式取逆变换，可得零输入响应与零状态响应分别为

$$y_{zi}(t) = (5e^{-2t} - 3e^{-t})\varepsilon(t)$$

$$y_{zs}(t) = (3 + 2e^{-2t} - 5e^{-t})\varepsilon(t)$$

应用 MATLAB 的符号运算函数，定义复频域变量为符号变量 s，根据上述分析求解系统的零输入响应和零状态响应。在 M 文件编辑器中输入下列命令，并保存文件为 example82_4. m。

```
clear all
```

```
clc
syms s t
Yzi = (2*s+7)/(s^2+3*s+2);
Yzs = (s+6)/(s*(s^2+3*s+2));
yzi = ilaplace(Yzi,s,t)
yzs = ilaplace(Yzs,s,t)
figure(1),
subplot(121),ezplot(yzi,[-5,5]),ylabel('零输入响应')
subplot(122),ezplot(yzs,[0,10]),ylabel('零状态响应')
```

程序调用的函数 ilaplace 为拉普拉斯反变换函数。

程序运行后画出的图形如图 8-11 所示。另外命令窗口的输出结果为：

yzi =
5/exp(t) - 3/exp(2*t)

yzs =
2/exp(2*t) - 5/exp(t) + 3

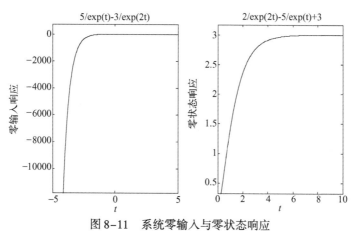

图 8-11　系统零输入与零状态响应

8.3　MATLAB 通信原理仿真

通信的目的就是传递信息，但是从信息变换过来的原始信号通常具有较低的频谱分量，这些较低的频谱分量通常在许多信道中都不适合直接传输。含有较多低频成分的信号叫作基带信号。为了达到通信的目的，就要将待传输的基带信号加载到高频振荡信号上，这一过程称为调制，其实质是将基带信号搬移到高频载波上去，也就是频谱搬移的过程。调制的目的是把待传输的模拟信号或数字信号变换成适合信道传输的高频信号，以适合某种信道传输。若调制信号是模拟信号，称为模拟调制。模拟调制通常应用正弦波作为载波，可进行幅度调制与相位调制。其中双边带（DSB）调制与单边带（SSB）调制都属于模拟幅度调制。

8.3.1　双边带（DSB）调制与解调

为了提高调制效率，将常规幅度调制中占调幅波平均功率很大比例，但又不包含任何信息的直流载波分量去掉后，输出即为抑制载波双边带信号，该调制方法也称为双边带调制，如图 8-12 所示。

DSB 调制的数学模型为

$$s(t) = m(t)\cos(\omega_0 t) \tag{8-12}$$

式中，$m(t)$ 为调制信号，ω 为载波频率。$s(t)$ 的频谱等于

$$S(\omega) = \frac{1}{2}\big[M(\omega + \omega_0) - M(\omega - \omega_0)\big] \tag{8-13}$$

调制过程将低频信号的频谱搬移到载频位置，是一个频谱搬移的过程。而解调是将位于载频的信号频谱再搬回来，并且不失真地恢复出原始基带信号。双边带解调通常采用相干解调的方式，它使用一个同步解调器，即由相乘器和低通滤波器组成。在解调过程中，输入信号和噪声可以分别单独解调。DSB 解调的模型如图 8-13 所示。

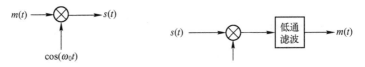

图 8-12　DSB 调制模型　　　　　　　　图 8-13　DSB 解调模型

【例 8.3-1】 编写 DSB 调制与解调程序。

在 M 文件编辑器中输入下列命令，并保存文件为 example83_1.m。

```
clear
dt = 0.001;                          % 采样时间间隔
fc = 1;                              % 信源最高频率
fs = 10;                             % 载波中心频率
N = 4096;                            % 采样点数
T = N * dt;                          % 采样时长
t = 0:dt:T - dt;
mt = sqrt(2) * cos(2 * pi * fc * t); % 信源
dsb = mt. * cos(2 * pi * fs * t);    % 双边带调制
y = dsb. * cos(2 * pi * fs * t);
y = y - mean(y);
Te = t(end);
df0 = 1/Te;
f0 = - N/2 * df0:df0:N/2 * df0 - df0;
Fy = fft(y);
Fy = Te/N * fftshift(Fy);            % y 的傅里叶变换
B = 2 * fc;
df1 = f0(2) - f0(1);
hf = zeros(1,length(f0));
bf = [ - floor(B/df1):floor(B/df1) ] + floor(length(f0)/2);
hf(bf) = 1;
F = hf. * Fy;
delf = (f0(end) - f0(1) + df1);
```

```
dt1 = 1/delf;
N1 = length(F);
T1 = dt * N1;
t1 = 0:dt1:T1 - dt1;
ft = fftshift(F);
ft = delf * ifft(ft);
ft = real(ft);                          % 解调信号
Fdsb = fft(dsb);                        % 调制信号的频谱
Fdsb = Te/N * fftshift(Fdsb);
Pdsb = (abs(Fdsb).^2)/T;                % 调制信号的功率谱密度
figure(2),
subplot(311),plot(t,mt',r-.',t,dsb','b');  % m(t)与DSB信号波形
title('m(t)与其DSB调制信号');
xlabel('t');
grid on;
subplot(312),plot(t,ft','b',t,mt/2',r-.');
title('相干解调后的信号波形与输入信号的比较');
xlabel('t');
grid on;
subplot(313),plot(f0,Pdsb);
axis([-2 * fs 2 * fs 0 max(Pdsb)]);
title('DSB信号功率谱');
xlabel('f');
grid on;
```

运行 example83_1. m，生成的图形如图 8-14 所示。

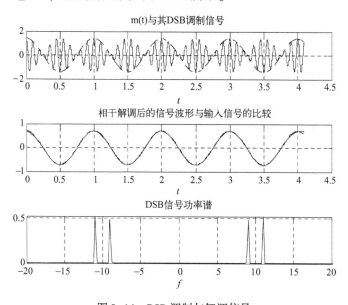

图 8-14　DSB 调制与解调信号

8.3.2　单边带（SSB）调制与解调

双边带已调信号包括两个边带，即上、下边带，由于上、下边带包含的信息相同，从信息传递的角度考虑，只传输一个边带就够了，因此将双边带调制信号滤除一个边带，得到单边带调制信号。对双边带调制信号进行高通滤波时可滤除下边带，保留频率较高的上边带。若对双边带调制信号进行低通滤波，则保留下边带。应用滤波法原理，可实现信号的单边带调制与解调。

【例8.3-2】 编写单边带调制与解调程序。

【解】 在 M 文件编辑器中输入下列命令，并保存文件为 example83_2.m。

```
clear
close all;
dt = 0.001;
fc = 1;
fs = 10;
T = 5;
t = 0:dt:T;
mt = sqrt(2) * cos(2 * pi * fc * t);
s_dsb = mt. * cos(2 * pi * fs * t);
B = 2 * fc;
figure(1),
subplot(311),plot(t,s_dsb,t,mt', r - ⊥ );
title('DSB 调制信号');
xlabel( t );
f_dsb = fft(s_dsb);            % 傅里叶变换得到信号频谱
Fx_ssb = f_dsb;
Fx_ssb([50:4953]) = 0;         % 理想低通滤波
x_ssb = ifft(Fx_ssb);         % 傅里叶反变换得到下边带调制信号
subplot(312),
plot(t,x_ssb,t,mt', r - ⊥ );
title('SSB 调制信号（下边带）');
xlabel( t );
Fs_ssb = f_dsb;
Fs_ssb([1:49]) = 0;            % 本行与下一行实现理想高通滤波
Fs_ssb([4953:end]) = 0;
s_ssb = ifft(Fs_ssb);         % 傅里叶反变换得到上边带调制信号
subplot(313),plot(t,s_ssb,t,mt', r - ⊥ );
title('SSB 调制信号（上边带）');
xlabel( t );
```

程序运行结果如图8-15所示。

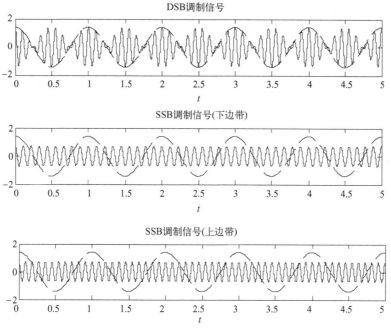

图 8-15　SSB 调制与解调信号

8.3.3　脉冲编码调制的编码与解码

　　连续信号经离散取样后得到的信号，其取样还是连续的。为了完成连续信号的数字传输，还要对取样值连续的离散信号继续进行量化和编码两种处理，才能得到要传输的数字信号。即连续信号需要经过取样、量化和编码处理之后，才能变成信道实际传输的数字信号。脉冲编码调制是将取样值连续的离散信号转换为计算机能表示的二进制数字信号的常用方法。由于 MATLAB 本身只能表示离散信号，本小节只涉及脉冲编码的量化过程以及解码端解量化的过程。

　　【例 8.3-3】　对三角形信号进行脉冲编码调制与解调。

　　【解】　本例采用均匀量化方法对三角形信号进行量化。在 M 文件编辑器中输入下列命令，并保存文件为 example83_3.m。

```
n = input(请输入量化级数,n = );              %n 为量化级数
% 产生三角函数 f
t = 0:0.1:2;
f = zeros(size(t));                          % 将三角形信号 f 的值先设为 0
L1 = t <= 1;
L2 = (t > 1)&(t <= 2);
f(L1) = t(L1);
f(L2) = 2 - t(L2);
% 均匀量化
fq = f;
xq = f;
```

```matlab
d = max(f)/n;                                          % 量化间隔
q = d * (1:n);
q = q - d/2;                                           % 量化电平
for i = 1:n
    L1 = find((q(i) - d/2 <= fq) & (fq <= q(i) + d/2)); % 属于第 i 个量化间隔的元素位置
    fq(L1) = q(i) * ones(1,length(L1));
    L2 = find(fq == q(i));
    xq(L2) = (i - 1) * ones(1,length(L2));             % 量化电平赋值
end
% 编码
m1 = length(f);
n1 = ceil(log2(n));
code = zeros(m1,n1);
for i = 1:m1
    for j = n1: -1:0
        if (fix(xq(i)/(2^j)) == 1)
            code(i,(n1 - j)) = 1;
            xq(i) = xq(i) - 2^j;
        end
    end
end
% 解码
fd = zeros(1,m1);
for i = 1:m1
    for j = 1:n1
        xq(i) = xq(i) + code(i,j) * 2^(n1 - j);        % 计算量化电平值
    end
    fd(i) = q(xq(i) + 1);                              % 解码值
end
nf = sqrt(sum(f.^2));
nfd = sqrt(sum((f - fd).^2));
snr = 20 * log10(nf/nfd);                              % 解码信号信噪比
disp('解码信号信噪比')
disp(snr)
figure(1),plot(t,f),xlabel('t'),hold on
plot(t,fd,'--'),xlabel('t'),hold off
title('三角形信号及其 PCM 解码值')
```

程序运行时在命令窗口等待输入量化级数的值，输入 8，然后按回车键，如下所示：

请输入量化级数，n = 8

命令行窗口显示：

解码信号信噪比

23.2050

程序运行后画出的图形如图 8-16 所示，图中实线表示三角形原信号，虚线为解码值。量化级数越大，量化误差越小，解码后信号的信噪比越高。例如输入的量化级数为 18 时，解码信号信噪比为 30.2478。

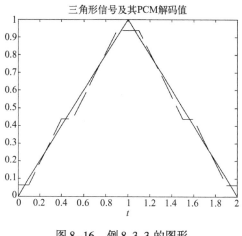

图 8-16　例 8.3_3 的图形

8.4　MATLAB 数字信号处理仿真

数字信号在时域是离散的，其取值也是离散的。对数字信号时域、频域及 Z 域的处理都可用 MATLAB 进行仿真与运算。本节重点介绍基本数字信号如单位脉冲序列、阶跃序列在 MATLAB 中的表示及其运算、模拟滤波器与数字滤波器的设计。

8.4.1　数字信号表示及其运算

一维数字信号在 MATLAB 中用一维数组表示。

若数字信号自变量从 0 秒开始，到 5 秒结束。每隔一秒取得一个采样值，信号值恰好等于自变量的 2 倍，则该数字信号的自变量取值用 MATLAB 实现为：

```
>> n = 0:5
n =
     0    1    2    3    4    5    % 运行结果 n 为数值为 0~5 的一维数组
```

信号值的 MATLAB 实现为：

```
>> y = 2 * n
y =
     0    2    4    6    8   10
```

如果信号 $x(n)$ 的值是自变量的平方，则其实现方法为：

```
>> x = n.^2
x =
```

| 0 | 1 | 4 | 9 | 16 | 25 |

数字信号的常用运算有以下几种。

1. 加法、乘法、移位、翻转及尺度变换

信号的加法与乘法是点对点运算，所以要求两个相加的数字信号维数相同。如上述 x 与 y 的和与乘积的计算方法分别为 x + y 与 x. * y。

【例 8.4-1】 实现信号 y 的翻转、向右移动 2 位。

实现信号的翻转、移位时，信号的自变量的变化也需同时进行计算。在 M 文件编辑器中输入下列命令，并保存文件为 example84_1. m。

```
n = 0:5;
y = 2 * n;
m = length(n);
for i = 1:m
    z(i) = y(m - i + 1);          % 翻转值
end
nz = -n;                         % 翻转值的坐标
nd = 2;                          % y 向右移动 2 位
nyz = 1:nd;
ny = [n n(end) + nyz];           % y 移位后其自变量的值
yd = [zeros(1,nd), y];           % y 移位后的值

figure(1),
subplot(131), stem(n,y)
xlabel('n')
title('y')
subplot(132), stem(nz,z)
xlabel('n')
title('y 的翻转值')
subplot(133), stem(ny,yd)
xlabel('n')
title('y 右移 2 位')
```

程序运行结果如图 8-17 所示。

2. 快速傅里叶变换

数字信号进行离散傅里叶变换时若采用快速傅里叶变换可以提高运算速度。MATLAB 提供的快速傅里叶变换函数是 fft，fft 函数的调用格式详见 7.4.4 节。

fft 函数的输出值的数据结构具有对称性，下面举例说明。如在 MATLAB 命令窗口输入：

```
>> N = 8;
xn = 1:N;
Xk = fft(xn);
Xk = Xk
```

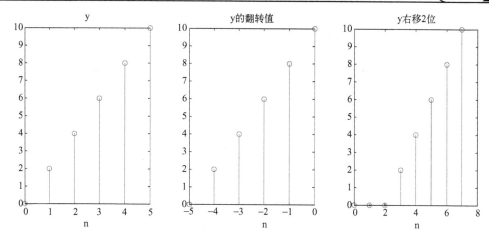

图 8-17　信号 y 及其翻转、移位值

则命令窗口输出：

```
Xk =
    36.0000
    -4.0000 - 9.6569i
    -4.0000 - 4.0000i
    -4.0000 - 1.6569i
    -4.0000
    -4.0000 + 1.6569i
    -4.0000 + 4.0000i
    -4.0000 + 9.6569i
```

xn 的频谱 Xk 的角频率范围为 0~2π。它的第一个数值是直流量，其角频率为 0。从 Xk 的数值看，在(0,π)与(π,2π)区间内，xn 的频谱的模值以角频率 π 为对称中心。另外，Xk 的维数与 xn 的维数相同，都是 8。

【例 8.4-2】 y = sin(2 * pi * 30 * t) + 2 * sin(2 * pi * 5 * t)。采样频率 fs = 100 Hz，分别计算 y 的 128 点、512 点快速傅里叶变换的模值。在 M 文件编辑器中输入下列命令，并保存文件为 example84_2.m。

```
fs = 100;                                    % 采样频率
N = 128;                                      % 数据点数
n = 0:N - 1;
t = n/fs;                                     % 采样时间
y = sin(2 * pi * 30 * t) + 2 * sin(2 * pi * 5 * t);
z = fft(y,N);
mz = abs(z);                                  % 频谱幅值
f = n * fs/N;                                 % 频率
figure(1), subplot(221), plot(f,mz);          % 绘出频谱幅值随频率的变化
xlabel('频率/Hz');
ylabel('频谱幅值');title('N = 128');grid on;
```

```
subplot(222),plot(f(1:N/2),mz(1:N/2));          % 绘出 Nyquist 频率内频谱幅值的变化
xlabel('频率/Hź');
ylabel('频谱幅值');title('N=128');grid on;
% 对信号采样数据为 512 点的处理
N=512; % 对信号采样 512 点
n=0:N-1;
t=n/fs;
y=sin(2*pi*30*t)+2*sin(2*pi*5*t);
z=fft(y,N);
mz=abs(z);                                        % 频谱幅值
f=n*fs/N;                                         % 频率
subplot(223),plot(f,mz);                          % 绘出频谱幅值随频率的变化
xlabel('频率/Hź');
ylabel('频谱幅值');title('N=512');grid on;
subplot(224),plot(f(1:N/2),mz(1:N/2));          % 绘出 Nyquist 频率内频谱幅值的变化
xlabel('频率/Hź');
ylabel('频谱幅值');title('N=512');grid on;
```

运行 example84_2. m，结果如图 8-18 所示。

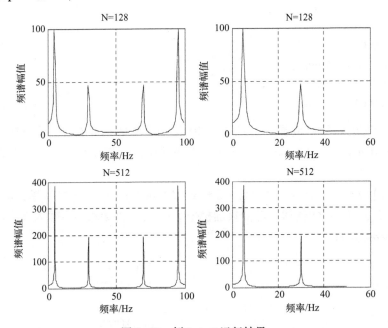

图 8-18   例 8.4-2 运行结果

从频谱图可以清楚识别出信号含有 5 Hz 和 30 Hz 两种频率成分。而且频谱幅值以 Nyquist 频率（角频率为 π）为对称轴。因此用 fft 对信号做谱分析时，只需考察 0 ~ Nyquist 频率范围内的幅频特性。另外频谱幅值的大小与 fft 点数有关。128 点和 512 点的 fft 运算结果表明，对相同频率，它们的频谱幅值不同。但在同一幅图中，30 Hz 与 5 Hz 频谱幅值之比均为 1:2，与真实频谱幅值之比等于 1:2 的比例是一致的。真实频谱幅值的计算方法为变换后结果乘以

2 除以 N。

8.4.2 模拟滤波器设计

滤波器具有选频作用，它能使信号中特定的频率成分通过，而极大地衰减成分。按照所处理信号的性质分类，滤波器分为模拟滤波器与数字滤波器。根据滤波器的频率特性，模拟滤波器与数字滤波器都分为低通、带通、高通与带阻 4 种。模拟滤波器中巴特沃斯滤波器、切比雪夫滤波器等的设计方法都很成熟。图 8-19 为模拟低通滤波器的幅频特性。其中 Ω_p 为滤波器的通带截止频率，Ω_c 为 3 dB 截止频率，Ω_s 为阻带截止频率。模拟滤波器设计指标除了 Ω_p 与 Ω_s 以外，还有通带最大衰减 α_p 以及阻带最小衰减 α_s，

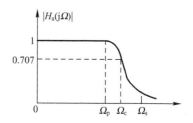

图 8-19　模拟低通滤波器的幅频特性

$$\alpha_p = 10\lg \frac{|H_a(j0)|^2}{|H_a(j\Omega_p)|^2} \tag{8-14}$$

$$\alpha_p = 10\lg \frac{|H_a(j0)|^2}{|H_a(j\Omega_s)|^2} \tag{8-15}$$

滤波器的设计目标是使设计的滤波器传输函数的幅度平方 $H_a(j\Omega)$ 满足给定的 α_p 以及 α_s 的要求。例如归一化后的巴特沃斯传递函数为

$$H_a(p) = \frac{1}{\prod\limits_{k=0}^{N-1}(p - p_k)} \tag{8-16}$$

式中，p_k 为归一化极点，用公式表示为：

$$p_k = e^{j\pi\left(\frac{1}{2} + \frac{2k+1}{2N}\right)}, k = 0, 1, \ldots, N-1 \tag{8-17}$$

【例8.4-3】已知通带截止频率为 $f_p = 4\,\text{kHz}$，通带最大衰减 $\alpha_p = 2\,\text{dB}$，阻带截止频率 $f_s = 10\,\text{kHz}$，阻带最小衰减 $\alpha_s = 30\,\text{dB}$，设计巴特沃斯滤波器。

【解】巴特沃斯低通滤波器设计的第一步要确定滤波器阶数 N，即

$$k_{sp} = \sqrt{\frac{10^{\alpha_p/10} - 1}{10^{\alpha_s/10} - 1}} = 0.0242, \lambda_{sp} = \frac{\Omega_s}{\Omega_p} = \frac{2\pi f_s}{2\pi f_p} = 2.5$$

$$N = -\frac{\lg k_{sp}}{\lg \lambda_{sp}} = -\frac{\lg 0.0242}{\lg 2.5} = 4.0614$$

则 $N = 5$。

第二步用 $p_k = e^{j\pi\left(\frac{1}{2} + \frac{2k+1}{2N}\right)}, k = 0, 1, \ldots, N-1$，求出 5 个极点：

$$p_0 = e^{j\frac{3}{5}\pi}, \quad p_1 = e^{j\frac{4}{5}\pi}, \quad p_2 = e^{j\pi}, \quad p_3 = e^{j\frac{6}{5}\pi}, \quad p_4 = e^{j\frac{7}{5}\pi}$$

第三步用 $H_a(p) = \dfrac{1}{\prod\limits_{k=0}^{4}(p - p_k)}$ 计算出归一化传递函数 $H_a(p)$：

$$H(p) = \frac{1}{p^5 + 3.2361p^4 + 5.2361p^3 + 5.2361p^2 + 3.2361p + 1}$$

第四步将 $H_a(p)$ 去归一化，求 3 dB 截止频率 Ω_c：

$$\Omega_c = \Omega_p (10^{0.1a_p} - 1)^{-\frac{1}{2N}} = 26517 \text{ rad/s}$$

将 $p = s/\Omega_c$ 代 $H_a(p)$ 入中可得：

$$H_a(s) = \frac{\Omega_c^5}{3.7 \times 10^{-5}s^5 + 1.2 \times 10^{-4}s^4 + 2.0 \times 10^{-4}s^3 + 2.0 \times 10^{-4}s^2 + 1.2 \times 10^{-4}s + 3.77 \times 10^{-5}}$$

该滤波器的 MATLAB 求解方法有两种，第一种为使用符号变量的方法求得 $H_a(s)$ 的解析表达式。在 M 文件编辑器中输入下列命令，并保存文件为 example84_3_1.m。

```
ap = 2;
as = 30;
fp = 4000;
fs = 10000;
lamda = fs/fp;
k = sqrt((10^(0.1 * ap) - 1)/(10^(0.1 * as) - 1));
N = - log10(k)/log10(lamda);
N = ceil(N);                        % 滤波器阶数


for i = 0:N - 1
    s0(i + 1) = exp(j * pi * (0.5 + (2 * i + 1)/(2 * N)));   % 极点
end
syms Hn s
p = (s - s0(1));
for i = 2:N
    p = p * (s - s0(i));
end
p = expand(p);                      % 多项式展开
digits(4);                          % 把十进制符号数字有效位数设置为 4 位
p = vpa(p);                         % p 转换为 digits(4)指定的 4 位精度下的数字
Hp = 1/p;                           % Hp
wc = 2 * pi * fp * (10^(0.1 * ap) - 1)^( -1/(2 * N));
HF = 1/(p/wc)                       % 符号表达
H = vpa(HF)                         % 转换为数字形式
```

程序运行结果为：

```
HF =
    1/((8589934592 * s^5)/227783394119425 + s^4 * (0.000122 - 1.718 * 10^( -20) * i) + s^3 *
(0.0001975 - 5.333 * 10^( -20) * i) + s^2 * (0.0001975 - 7.754 * 10^( -20) * i) + s * (0.000122
-6.207 * 10^( -20) * i) + 3.771 * 10^( -5) - 2.311 * 10^( -20) * i)
    H =
    1/(3.771 * 10^( -5) * s^5 + s^4 * (0.000122 - 1.718 * 10^( -20) * i) + s^3 * (0.0001975 -
5.333 * 10^( -20) * i) + s^2 * (0.0001975 - 7.754 * 10^( -20) * i) + s * (0.000122 - 6.207 * 10^
( -20) * i) + 3.771 * 10^( -5) - 2.311 * 10^( -20) * i)
```

H 的表达式中虚数项都非常小，因此可以忽略不计。在虚数项忽略不计的条件下，该结果与分析的结果完全一致。

设计该滤波器的第二种方法是使用 MATLAB 数字信号处理工具箱中的巴特沃斯滤波器设计函数。其中计算滤波器的最小阶数以及 3dB 截止频率 $\Omega\_ c$ 的函数为 buttord。滤波器设计函数为 butter。用 butter 函数设计的滤波器的频率响应可用频率响应函数 freqs 查看。以上三个函数的调用格式分别为：

$[N,Wn] = buttord(fp,fs,\alpha p,\alpha s', \dot{s})$;

其中，输入变量 f_p 为通带截止频率；Ω_s 为阻带截止频率；α_p 表示通带最大衰减；α_s 为阻带最小衰减；' $\dot{s}$ 表示设计模拟滤波器，若该项缺省表示设计数字滤波器。输出 N 为满足通带截止频率域阻带截止频率要求的滤波器最小阶数，Wn 为 3 dB 截止频率。

$[B,A] = butter(N,Wn', \dot{v} ', \dot{s})$;

其中，输入变量 N 为滤波器最小阶数；Wn 为 3 dB 截止频率；' $\dot{v}$ 表示滤波器类型；' low 表示设计低通滤波器，设计低通滤波器时该项可不设置。设计带阻、高通滤波器时 low 分别用 stop、high 代替。' $\dot{s}$ 表示设计模拟滤波器，若该项缺省则表示设计数字滤波器。输出 B 为滤波器分子系数的矢量形式，A 为分母系数的矢量形式。

$H = freqs(B,A,w)$;

其中，输入变量 B 为模拟滤波器 H(s)的分子系数的矢量形式，A 为其分母系数的矢量形式。输出值为 H(s)对应的频率响应 H(jw)的在频率 w 处的值。

$[H,w] = freqs(B,A,m)$;

其中，输入 m 表示计算 m 个频率点上的频率响应。输出 H 为由频率响应值组成的向量，w 是各个频率点组成的向量。

$freqs(B,A,w)$;

该调用格式无输出变量，直接画出滤波器的幅频响应和相频响应。

应用上述三个函数的巴特沃斯低通滤波器设计程序为程序 example84_3_2. m。

```
ap = 2;
as = 30;
fp = 4000;
fs = 10000;
[N,wc] = buttord(fp,fs,ap,as', ṡ);
[b,a] = butter(N,wc', ṡ);
[h,w] = freqs(b,a,128);
figure,plot(w,20 * log10(abs(h)/abs(h(1))))
axis([0 fs -35 1])
xlabel('频率(Hz')')
ylabel('幅度(dB')')
grid on
```

程序运行结果如图 8-20 所示。

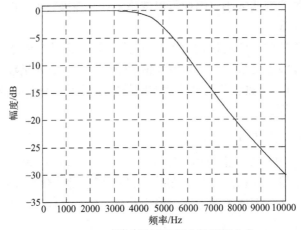

图 8-20　巴特沃斯低通滤波器幅频响应

8.4.3　数字滤波器设计

无限脉冲响应（IIR）滤波器可借助模拟滤波器进行设计。因此 IIR 数字滤波器通常使用的设计方法是先按照技术要求设计模拟滤波器，然后将模拟滤波器的传递函数 $Ha(s)$ 转换为数字滤波器的系统函数 $H(z)$。

常用的模拟滤波器转换为数字滤波器的方法有脉冲响应不变法与双线性变换法。脉冲响应不变法的冲激响应是对 $Ha(s)$ 对应的冲激函数进行等间隔取样得到的。该方法的缺点是会产生频率混叠，因此较适合低通、带通滤波器的设计。脉冲响应不变法将 $Ha(s)$ 转换为 $H(z)$ 的方法为：首先对 $Ha(s)$ 进行部分分式展开

$$H_a(s) = \frac{1}{s - s_1} + \frac{1}{s - s_2} + \cdots + \frac{1}{s - s_n} \tag{8-18}$$

然后根据 $Ha(s)$ 的极点 $s_1, s_2, \ldots, s_n$，计算出 $H(z)$ 的极点为 $z_1 = e^{s_1 T}, z_2 = e^{s_2 T}, \ldots, z_2 = e^{s_n T}$。由 $H(z)$ 的极点可得系统函数 $H(z)$

$$H(z) = \frac{1}{1 - e^{s_1 T} z^{-1}} + \frac{1}{1 - e^{s_2 T} z^{-1}} + \cdots + \frac{1}{1 - e^{s_n T} z^{-1}} \tag{8-19}$$

实现脉冲响应不变法的 MATLAB 函数为 impinvar，其调用格式有以下几种。

$[\mathrm{bz}, \mathrm{az}] = \mathrm{impinvar}(\mathrm{b}, \mathrm{a}, \mathrm{Fs})$;

其中，输入变量 b，a 分别是 $Ha(s)$ 的分子、分母多项式中 s 的各次幂的系数组成的向量。Fs 为采样频率，缺省时为 1 Hz。

求解离散系统的系统函数的幅频响应与相频响应的函数是 freqz，其调用格式为：

$[\mathrm{H}, \mathrm{W}] = \mathrm{freqz}(\mathrm{B}, \mathrm{A}, \mathrm{N})$;

输入 B，A 分别为系统函数 H(z) 的分子、分母多项式中 z 的各次幂的系数组成的向量。输出 H 为 N 点的复数频率响应值，W 为 H 对应的角频率值，因此也是含 N 个元素的相量。N 的默认值为 512。

$\mathrm{H} = \mathrm{freqz}(\mathrm{B}, \mathrm{A}, \mathrm{W})$;

这种调用方式输出 H 为在 W 指定的各角频率（通常范围在 $0 \sim \pi$ 内）上，系统频率响

应的值。输入 B，A 与第一种调用格式相同。

$$[H,F] = freqz(B,A,N,Fs);$$

输入 Fs 为采样频率（单位为 Hz）。输出频率响应 H 各点的频率（单位为 Hz）存储在数组 F 中。

$$H = freqz(B,A,F,Fs);$$

输出 H 为数组 F 中指定的各频率（单位为 Hz）上的频率响应值存储在。

$$freqz(B,A,w) 或 freqz(B,A,N);$$

此调用格式没有输出，直接将频率响应的幅频响应与相频响应画出。

【例 8.4-4】 已知模拟滤波器的传递函数为 $H_a(s) = \dfrac{1}{s^2 + 4s + 3}$，试用脉冲响应不变法设计低通数字滤波器。

【解】

$$H_a(s) = \frac{1}{s+3} + \frac{1}{s+1}$$

$Ha(s)$ 的极点为 $s_1 = -3$，$s_2 = -1$。则 $H(z)$ 的极点为 $z_1 = e^{s_1 T}$，$z_2 = e^{s_2 T}$。$H(z)$ 等于

$$H(z) = \frac{1}{1 - e^{-T}z^{-1}} + \frac{1}{1 - e^{-3T}z^{-1}} = \frac{1}{1 - 0.83z^{-1} + 0.135z^{-2}}$$

将 $Ha(s)$ 转换为 IIR 滤波器的程序为 example84_4.m。

```
a = [1 4 3];
b = 1;
Fs = 100;
[bz,az] = impinvar(b,a,Fs);
wz = (0:Fs) * pi/Fs;
freqz(bz,az,wz)
```

程序的运行结果如图 8-21 所示。

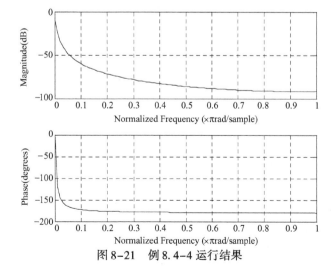

图 8-21　例 8.4-4 运行结果

8.5 MATLAB 自动控制原理仿真

自动控制是指在人不直接参与的情况下，使某些被控制量按指定的规律变化。对控制系统进行仿真首先需要给系统建立起数学模型，这种数学模型可以是微分方程、传递函数、动态结构图等。对线性系统来说，最重要的性能指标就是稳定性。只有系统稳定，才可以进行系统的其他性能分析，如稳态误差分析、根轨迹分析、频率分析等。如果系统不稳定，系统则不能直接应用。本节重点介绍连续系统稳定性的代数法判据和连续系统根轨迹分析仿真实例。

8.5.1 连续系统稳定性的代数法判据

代数法判定连续系统稳定性就是求解控制系统闭环特征方程的根。如果控制系统闭环特征方程的全部根，不论是实数还是复数，它们的实部都小于零，则闭环系统是稳定的；只要有一个根的实部不小于零，则系统闭环不稳定。

在 MATLAB 符号数学工具箱中有 numden 函数。当表达式是一个有理分式，或是可以展开为有理分式，numden 函数可以对符号表达式进行通分，使分子、分母是整数系数的互素多项式。并返回分子和分母多项式。其调用格式为：

$$[N,D] = numden(s);$$

s 是符号多项式，N 返回分子多项式系数向量，D 返回分母多项式系数向量。

【例8.5-1】如图8-22所示的控制系统，其中 $G(s) = \dfrac{10}{s(s+1)}$，试判别该闭环系统的稳定性。

【解】根据代数法判定图8-22所示闭环系统的稳定性，首先要求出闭环系统的传递函数，其次求特征根。在 M 文件编辑器中输入下列命令，并保存文件为 example85_1.m，求出闭环系统传递函数。

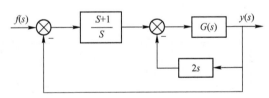

图8-22 控制系统框图

```
%%求出闭环系统传递函数
syms s G1 G2 H1 ;
G1 = (s + 1)/s;
r = expand(s * (s + 1));
G2 = 10/(r);
H1 = 2 * s;
trans1 = G2/(1 - G2 * H1);
trans1 = expand(trans1);
trans2 = trans1 * G1;
```

$$tans2 = expand(trans2);$$

$$[N,D] = numden(trans2/(1 + trans2));$$

$$N = expand(N);$$

$$D = expand(D);$$

$$trans = N/D;$$

$$trans = simplify(trans)$$

运行 example85_1. m，结果为：

trans =

$(10 * (s + 1))/(s^3 - 19 * s^2 + 10 * s + 10)$

根据分母多项式求特征根为：

```
>> %%求特征根
>> p = [1  - 19 10 10];
>> roots(p)
ans =
     18. 4279
      1. 0763
    - 0. 5042
```

特征根计算结果分别为 18.4279、1.0763、- 0.5042，其中有两个根实部均为正数，所以闭环系统不稳定。

8.5.2　连续系统根轨迹分析

根轨迹是指开环系统的某一参数从零变到无穷大时，闭环系统特征方程的根（极点）在 s 复平面上移动的轨迹（路径）。假设单变量系统的开环传递函数为 $G(s)$，且控制器可调节的增益为 K，整个控制系统是由单位负反馈构成的闭环系统，图 8-23a 所示闭环系统的数学模型即为：

$$G_C(s) = \frac{G(s)}{1 + KG(s)} \tag{8-20}$$

闭环系统的特征方程为：$1 + KG(s) = 0$ $\tag{8-21}$

即

$$K \frac{\prod_{j=1}^{m}(s - z_j)}{\prod_{i=1}^{n}(s - p_i)} = -1 \tag{8-22}$$

式（8-22）称为系统的根轨迹方程。z_j 为开环传递函数零点，p_i 为开环传递函数的极点。对于增益 K 的不同取值，可以绘出每一个特征根变化的曲线，即系统的根轨迹。按照根轨迹理论，可以导出一些基本的作图规则绘制根轨迹图形，从而研究系统中某些参量变化对极点分布的影响，避免很多复杂的数学计算。

（1）tf 函数

MATLAB 提供 tf 函数用来建立控制系统的传递函数模型。或者将零极点模型或状态空间模型转换为系统传递函数。tf 函数的调用格式为：

sys = tf(num, den)

函数输入参数 num 与 den 分别为系统分子与分母多项式系数向量。对于连续系统：

$$G(s) = \frac{C(s)}{R(s)} = \frac{b_1 s^m + b_2 s^{m-1} + \cdots + b_{m+1}}{a_1 s^n + a_2 s^{n-1} + \cdots + a_{n+1}} = \frac{num(s)}{den(s)} \qquad (8-23)$$

对于离散系统：

$$G(z) = \frac{C(z)}{R(z)} = \frac{b_1 z^m + b_2 z^{m-1} + \cdots + b_{m+1}}{a_1 z^n + a_2 z^{n-1} + \cdots + a_{n+1}} = \frac{num(z)}{den(z)} \qquad (8-24)$$

（2）rlocus 函数

MATLAB 提供 rlocus 函数求系统的根轨迹，可以直接用于系统根轨迹的绘制。rlocus 函数可以用于单变量不含有时间延迟或带有时间延迟的连续系统根轨迹的绘制。rlocus 函数的调用格式有以下几种。

rlocus(sys);   % 可以在当前图形窗口绘制出图 8-9 给定的 sys 的根轨迹，反馈增益为 k
                              由 MATLAB 数学模型自动确定，增益向量取值 $k = 0 - \infty$

rlocus(sys,k);   % 可以用指定的反馈增益 k 来绘制系统的根轨迹图

rlocus(sys1,sys2,…);   % 在同一窗口中绘制 sys1,sys2,… 的闭环根轨迹

[r,k] = rlocus(sys);   % 不直接绘制根轨迹，而是返回系统根位置的复数矩阵 r 极其相应的增益
                              向量 k

r = rlocus(sys,k);   % 计算 sys 的根轨迹数据，增益 k 由用户指定，不绘制根轨迹

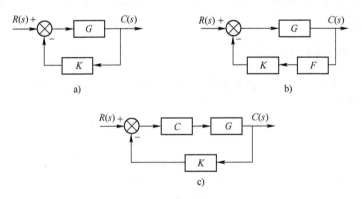

图 8-23   三种反馈形式示意图
a) sys = G   b) sys = F * G   c) sys = G * c

（3）step 函数

MATLAB 提供 step 函数，在零状态下，计算系统的阶跃响应。常用的基本调用格式为有以下几种。

step;   % 计算一个动态系统的阶跃响应。在状态空间的情况下，假定初始状态为
                              零。当它没有输出参数时，调用这个函数在屏幕上画出阶跃响应

step(sys);   % 画出任意一个动态系统模型 sys 的阶跃响应。这个模型可以是连续的或离
                              散的，和单输入单输出或多输入多输出。多端输入系统的阶跃响应对于每
                              一个输入方式来说都是阶跃响应的集合。系统的极点和零点能够自动地
                              确定仿真持续的时间

step(sys,t);　　　　% 使用用户提供的时间矢量 t 来仿真。在系统时间单位中，表达式 t 在 sys 的
　　　　　　　　　　时间单位属性中是指定的。对于离散时间模型，t 应该是 Ti:Ts:Tf，这里 Ts
　　　　　　　　　　是采样时间。对于连续的时间模型，t 应该是 Ti:dt:Tf，这里 dt 变成近似于
　　　　　　　　　　持续系统的一个离散采样。由于阶跃响应是在 t = 0 时的输入阶跃函数，所
　　　　　　　　　　以 Ti 为 0

step(sys,Tfinal);　　% 模拟了系统 sys 从时间 t = 0 到 t = Tfinal 的阶跃响应。在系统时间单位中，
　　　　　　　　　　表达式 Tfinal 在 sys 的时间单位属性中是被指定的。对于未指定采样时间
　　　　　　　　　　(Ts = 1)的离散时间系统，将 Tfinal 作为采样周期的数量来仿真

【例 8.5-2】 设某系统的开环传递函数为：

$$G(s) = \frac{k(s+1.5)(s^2+4s+5)}{s(s+2.5)(s^2+s+2.5)}$$

(1) 试绘制系统的根轨迹。

(2) 在根轨迹的实轴两区段上，计算两组系统根轨迹增益与闭环极点；绘制其对应的阶跃响应曲线。

【解】 (1) 绘制根轨迹。在 M 文件编辑器中输入下列命令，并保存文件为 example85_2. m。

```
n1 = [1 1.5];
n2 = [1,4,5];
n = conv(n1,n2);
d1 = [1,0];
d2 = [1,2.5];
d3 = [1,1,2.5];
d4 = conv(d1,d2);
d = conv(d3,d4);
sys = tf(n,d);
rlocus(sys)
```

运行 example85_2. m，跟轨迹如 8-24a 所示。

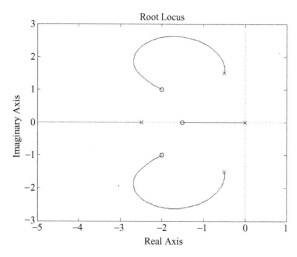

图 8-24　例 8.5-2 根轨迹图

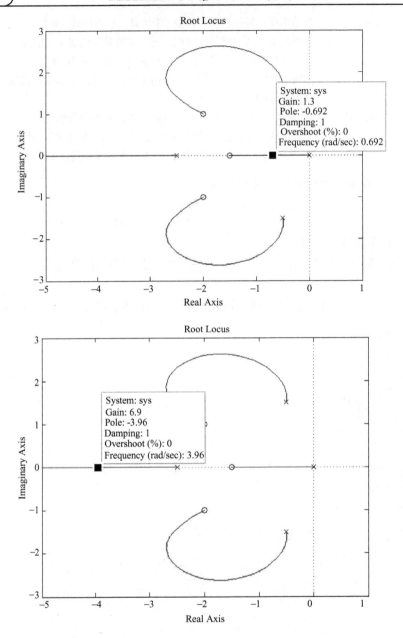

图 8-24   例 8.5-2 根轨迹图（续）

（2）用鼠标左键单击根轨迹图，可以得到当前点的闭环增益（Gain），闭环极点坐标（Pole）、阻尼比（Damping）、超调量（Overshioot）即频率（Frequency），如图 8-24b、c 所示。k = 1. 3、pole = -0. 692；k = 6. 9，pole = -3. 96。

当 k = 1. 3 时，可以得到系统传递函数，在命令行窗口中输入：

```
>> syms s n d；
>> n1 = expand( 1. 3 * ( s + 1) * ( s^2 + 4 * s + 5) )；
>> d1 = expand( s * ( s + 2. 5) * ( s^2 + s + 2. 5) )；
```

```
>> D1 = n1 + d1
D1 =
s^4 + (24 * s^3)/5 + (23 * s^2)/2 + (359 * s)/20 + 13/2
>> n1
n1 =
(13 * s^3)/10 + (13 * s^2)/2 + (117 * s)/10 + 13/2
```

得到 n1 和 D1 的系数, 绘制阶跃响应曲线如图 8-25 所示。

```
>> n1 = [13/10 13/2 117/10 13/2];
>> D1 = [1 24/5 23/2 359/20 13/2];
>> sys1 = tf(n1,D1);
>> step(sys1)
```

当 k = 6.9 时可以得到系统传递函数:

```
>> n2 = expand(6.9 * (s + 1) * (s^2 + 4 * s + 5));
>> d = expand(s * (s + 2.5) * (s^2 + s + 2.5));
>> D2 = n2 + d
D2 =
s^4 + (52 * s^3)/5 + (79 * s^2)/2 + (1367 * s)/20 + 69/2
>> n2
n2 =
(69 * s^3)/10 + (69 * s^2)/2 + (621 * s)/10 + 69/2
```

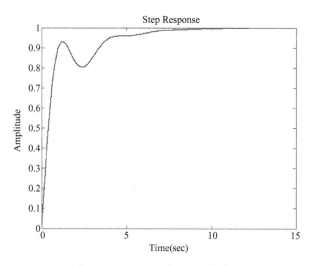

图 8-25　k = 1.3 时阶跃响应曲线

得到 n2 和 D2 的系数, 绘制阶跃响应曲线如图 8-26 所示。

```
>> n2 = [69/10 69/2 621/10 69/2];
>> D2 = [1 52/5 79/2 1369/20 69/2];
>> sys2 = tf(n2,D2);
>> step(sys2)
```

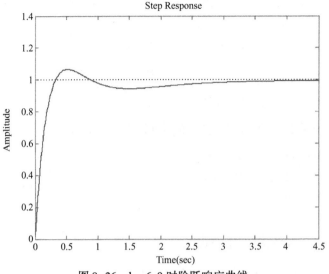

图 8-26　k = 6.9 时阶跃响应曲线

比较图 8-25 与图 8-26，k = 1.3 的曲线显示单位阶跃响应不超调，但是调节时间较长。k = 6.9 的曲线显示单位阶跃响应超调，但是超调不多；调节时间大大缩短，系统快速性能提高。

图 8-24 绘制的根轨迹是开环增益 k 由 0 变化至 + ∞ 时的根轨迹，也可以绘制 k 由用户给定的根轨迹，例如 k 在 1 ~ 100 之间取值时的根轨迹，可以使用 rloucs(sys, [1, 100])命令。

8.6　MATLAB 图像处理仿真

8.6.1　图像去噪

图像去噪是图像处理的一个研究领域。常见的图像噪声有高斯白噪声、椒盐噪声等。

通常使用平滑滤波即低通滤波的方法滤除高斯白噪声，例如可令待求元素等于其邻域像素的平均值，邻域窗口大小可以为 3×3、5×5、7×7、9×9 等，以 3×3 邻域窗口为例，窗口内各元素的权重取值可为

$$w = \frac{1}{9}\begin{bmatrix} 1 & 1 & 1 \\ 1 & 1 & 1 \\ 1 & 1 & 1 \end{bmatrix} \tag{8-25}$$

也可应用其他平滑方法，如将待求元素的权重提高为其邻域像素的两倍的方法

$$w = \frac{1}{10}\begin{bmatrix} 1 & 1 & 1 \\ 1 & 2 & 1 \\ 1 & 1 & 1 \end{bmatrix} \tag{8-26}$$

当图像中第 i 行 j 列的像素 $x_{i,j}$ 的 3×3 邻域窗口内各元素如式（8-27）所示时，应用式（8-25）的邻域窗口进行平滑滤波时，滤波后 $x_{i,j}$ 的值等于 95.8889。

$$\begin{bmatrix} x_{i-1,j-1} & x_{i-1,j} & x_{i-1,j+1} \\ x_{i,j-1} & x_{i,j} & x_{i,j+1} \\ x_{i+1,j-1} & x_{i+1,j} & x_{i+1,j+1} \end{bmatrix} = \begin{bmatrix} 13 & 150 & 100 \\ 14 & 120 & 96 \\ 25 & 145 & 200 \end{bmatrix} \tag{8-27}$$

　　滤除脉冲噪声最简单的方法是中值滤波。中值滤波法将待求元素的值取为其邻域窗口内所有像素的中值。同样应用式（8-27）的邻域窗口对像素 $x_{i,j}$ 进行中值滤波时，滤波后 $x_{i,j}$ 的值等于 100。

　　为了便于模拟噪声特性以及进行图像去噪的仿真，MATLAB 提供了函数 imnoise 给图像添加噪声，其应用方法有以下两种。

J = imnoise（I，gaussian，m，v）；	%为图像 I 添加均值为 m，方差为 v 的高斯白噪声。m，v 默认值分别为 0 和 0.01
J = imnoise（I，salt & pepper，D）；	%为图像 I 添加椒盐噪声，D 为噪声密度。若图像总像素数为 n，则噪声的数量为 n×D。默认 D 等于 0.05

【例 8.6-1】 图像高斯白噪声与椒盐噪声去噪举例。

在 M 文件编辑器中输入下列命令，并保存文件为 example86_1.m。

```
clear
close all
I = imread(moon.tif);
[m,n] = size(I);
Ism = zeros(m,n);
Xg = imnoise(I,gaussian);              % 添加高斯白噪声
w = 1/9 * ones(3,3);                   % 去噪模板
Xg = double(Xg);
Ig = conv2(Xg,w);                      % 平滑法去噪
figure(1),subplot(131),imshow(I),title(moon 原图)
subplot(132),imshow(Xg,[ ]),title(高斯白噪声污染图像)
subplot(133),imshow(Ig,[ ]),title(滤除高斯白噪声的图像)
Xs = imnoise (I,salt & pepper);        % 添加椒盐白噪声
Xs = double(Xs);
Is = conv2(Xs,w);                      % 平滑法去噪
Xs = [Xs(1,:);Xs;Xs(m,:)];            % 图像行延拓
Xs = [Xs(:,1) Xs Xs(:,n)];            % 图像列延拓
for i = 2:m + 1
    for j = 2:n + 1
        x = Xs(i - 1:i + 1,j - 1:j + 1);        %3x3 窗口
        Ism(i - 1,j - 1) = median(x(:));         % 中值滤波,Ism(i,j)等于 3x3 窗口中值
    end
end
figure(2),subplot(221),imshow(I),title(moon 原图)
subplot(222),imshow(Xs,[ ]),title(椒盐噪声污染图像)
subplot(223),imshow(Is,[ ]),title(平滑法去噪图像)
subplot(224),imshow(Ism,[ ]),title(中值法去噪图像)
```

　　本例先用平滑法对含高斯白噪声的图像进行去噪处理，结果如图 8-27a 所示，滤除噪声的效果较好。对椒盐噪声，例题中使用平滑法与中值滤波法分别对其进行去噪处理，从图

8-27b 所示的运行结果看，平滑法滤波效果较差，而中值滤波法能很好地去除椒盐噪声。

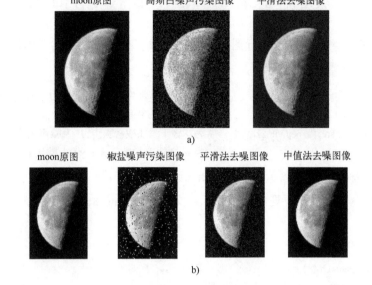

图 8-27　图像去噪结果

a) 含高斯白噪声图像的滤波结果　b) 含椒盐噪声图像的滤波结果

8.6.2　图像边缘检测

边缘检测是目标检测、图像分割等的基础，也是计算机视觉、特征提取中的基本问题。边缘检测的目的是标识图像中亮度变化明显的点。图像边缘是图像最基本的特征之一，是图像的重要信息。图像的边缘检测方法主要分为基于一阶微分的方法与基于二阶微分的方法。一阶微分方法是基于梯度的方法。本节重点对其进行介绍。图像 f 在 (x,y) 位置上的梯度等于：

$$\nabla f(x,y) = \begin{bmatrix} G_x \\ G_y \end{bmatrix} = \begin{bmatrix} \dfrac{\partial f}{\partial x} \\ \dfrac{\partial f}{\partial y} \end{bmatrix} \tag{8-28}$$

梯度幅值等于：

$$G = \sqrt{G_x^2 + G_y^2} \tag{8-29}$$

梯度计算过程复杂，学者根据微分运算的不同方向等提出多种边缘检测算子，主要有以下几种。

Roberts 算子：

$$G_x = \begin{bmatrix} 1 & 0 \\ 0 & -1 \end{bmatrix}, \quad G_y = \begin{bmatrix} 0 & -1 \\ 1 & 0 \end{bmatrix} \tag{8-30}$$

Prewitt 算子：

$$G_x = \begin{bmatrix} -1 & -1 & -1 \\ 0 & 0 & 0 \\ 1 & 1 & 1 \end{bmatrix}, \quad G_y = \begin{bmatrix} -1 & 0 & 1 \\ -1 & 0 & 1 \\ -1 & 0 & 1 \end{bmatrix} \tag{8-31}$$

Sobel 算子:

$$G_x = \begin{bmatrix} -1 & -2 & -1 \\ 0 & 0 & 0 \\ 1 & 2 & 1 \end{bmatrix}, \quad G_y = \begin{bmatrix} -1 & 0 & 1 \\ -2 & 0 & 2 \\ -1 & 0 & 1 \end{bmatrix} \tag{8-32}$$

MATLAB 提供的边缘检测函数为 edge, 该函数的调用格式有以下几种。

    b = edge(I, 'roberts');　　%应用 Roberts 算子对图像 I 进行边缘检测

    b = edge(I, 'roberts', thresh);　%应用 Roberts 算子对图像 I 进行边缘检测,灰度小于 thresh 的像素
                    都处理为非边缘点,缺省时系统自动选择阈值

    b = edge(I, 'prewitt', thresh);　%应用 Prewitt 算子对图像 I 进行边缘检测。参数 thresh 的意义
                    同上

    b = edge(I, 'sobel', thresh);　%应用 sobel 算子对图像 I 进行边缘检测。

【例 8.6-2】 图像边缘检测举例。

在 M 文件编辑器中输入下列命令, 并保存文件为 example86_2. m。

```
I = imread('cameraman. tif');
figure(1), subplot(221), imshow(I)
title('原始图像')
br = edge(I, 'roberts');
subplot(222), imshow(br)
title('Roberts 算子边缘检测')
bp = edge(I, 'prewitt');
subplot(223), imshow(bp)
title('Prewitt 算子边缘检测')
bs = edge(I, 'sobel');
subplot(224), imshow(bs)
title('Sobel 算子边缘检测')
```

程序运行结果如图 8-28 所示。

原始图像

Roberts算子边缘检测

Prewitt算子边缘检测

Sobel算子边缘检测

图 8-28　图像边缘检测

参 考 文 献

[1] 徐明远，邵玉斌. MATLAB 仿真在通信与电子工程中的应用 [M]. 2 版. 西安：西安电子科技大学出版社，2010.

[2] 张威. MATLAB 与编程入门 [M]. 2 版. 西安：西安电子科技大学出版社，2008.

[3] 张志涌. 精通 MATLAB R2011a [M]. 北京：北京航空航天大学出版社，2011.

[4] 陈鹏展，祝振敏，黄跃，等. MATLAB 仿真及在电子信息与电气工程中的应用 [M]. 北京：人民邮电出版社，2016.

[5] 梁虹. 普园媛，梁洁. 北京：高等教育出版社，2005.

[6] 程卫国，冯峰，徐昕. MATALB 5.3 应用指南 [M]. 北京：人民邮电出版社，1999.

[7] 王亚芳，等. MATLAB 仿真及电子信息应用 [M]. 北京：人民邮电出版社，2011.

[8] 刘超，高双. 自动控制原理的 MATLAB 仿真与实践 [M]. 北京：机械工业出版社，2015.

[9] 黄忠霖. 自动控制原理的 MATLAB 实现 [M]. 北京：国防工业出版社，2007.

[10] 吴晓燕，张双选. MATLAB 在自动控制中的应用 [M]. 西安：西安电子科技大学出版社，2006.

[11] 罗军辉，等. MATLAB 7.0 在数字信号处理中的应用 [M]. 北京：机械工业出版社，2005.

[12] 楼顺天，施阳. 基于 MATLAB 的系统分析与设计——神经网络 [M]. 西安：西安电子科技大学出版社，1998.

[13] 万永革. 数字信号处理的 MATLAB 实现 [M]. 北京：科学出版社，2007.

[14] 高成. MATLAB 图像处理与应用 [M]. 2 版. 北京：国防工业出版社，2007.

[15] 赵书兰. MATLAB R2008 数字图像处理与分析实例教程 [M]. 北京：化学工业出版社，2009.

[16] 求实科技. MATLAB 7.0 从入门到精通 [M]. 北京：人民邮电出版社，2006.

[17] 高会生，李新叶，胡智奇，等. MATLAB 原理与工程应用 [M]. 北京：电子工业出版社，2006.